基礎から学ぶ
鉄筋コンクリート工学

宮澤伸吾
岩月栄治
氏家　勲
大下英吉
笠井哲郎
溝渕利明
著

朝倉書店

序

　本書は，大学および工業高等専門学校の土木系の学科に所属する学生を対象とし，鉄筋コンクリート構造物の設計方法を理解するために必要な基礎的能力を習得することを目的としたものである．

　鉄筋コンクリートの設計法として，土木学会コンクリート標準示方書では全面的に限界状態設計法が採用されており，将来的にはこの設計法が主流になると思われる．一方，多くの構造物においては，現在においても許容応力度設計法が採用されている．また，道路橋においては，許容応力度設計法と終局強度設計法を組み合わせた設計が行われている．さらに，現存する構造物の多くは許容応力度設計法によって設計されたものであるので，既設構造物の維持管理，補修・補強にあたっては，許容応力度設計法の理解が不可欠である．したがって，限界状態設計法ばかりでなく，許容応力度設計法や終局強度設計法についても理解しておくことが不可欠である．

　以上のような観点から，本書ではつぎの点に留意した．

(1) 土木学会コンクリート標準示方書（2007年制定）の内容を全面的に反映させた．

(2) 荷重作用に対する鉄筋コンクリート部材の挙動の解説ならびに応力度や耐力の算定式の誘導については，設計法と区別して記述した（設計法：第2章，挙動・算定式：第4章〜第6章）

(3) 力学的挙動を理解するうえで特に重要な事項に絞り，イラストを多用して詳しく解説した．そのため，耐震設計，各種部材の設計，プレストレストコンクリートなどについては他書に譲ることとした．

(4) 演習問題を記載するとともに，理解度を自身で確認するためにできるだけ詳細な解答例を示した．

(5) 実践的な設計作業については，総合的かつ具体例によって学習できるように，巻末「付録」に設計例（はり部材および逆T形擁壁）を掲載した．

最後に，本書を執筆するにあたり，土木学会コンクリート標準示方書の内容を数多く引用させていただいた．また，編集において朝倉書店編集部の方々に大変お世話になった．深く感謝申し上げるしだいである．

2009 年 3 月

著 者 一 同

目　次

第1章　序　　論
1.1　コンクリート構造の種類 …………………………………（宮澤伸吾）…1
1.2　鉄筋コンクリートの特徴 ……………………………………………………3
1.3　鉄筋コンクリートの成り立ち ……………………………（大下英吉）…4
　1.3.1　構造形式 ……………………………………………………………4
　1.3.2　棒部材 ………………………………………………………………5
　1.3.3　平面部材 ……………………………………………………………7
　1.3.4　立体曲面部材 ………………………………………………………9

第2章　鉄筋コンクリートの設計法
2.1　設計の基本 ……………………………………………（宮澤伸吾）…11
2.2　要求性能の照査 ……………………………………………………………12
　2.2.1　要求性能の照査方法の種類 ………………………………………12
　2.2.2　許容応力度設計法 …………………………………………………13
　2.2.3　終局強度設計法 ……………………………………………………14
　2.2.4　限界状態設計法 ……………………………………………………14
2.3　各種構造物の設計指針類 …………………………………………………15
2.4　限界状態設計法 ……………………………………………………………16
　2.4.1　概　要 ………………………………………………………………16
　2.4.2　安全係数 ……………………………………………………………16
2.5　許容応力度設計法 …………………………………（笠井哲郎）…19
　2.5.1　概　要 ………………………………………………………………19
　2.5.2　材料の許容応力度 …………………………………………………20
　2.5.3　部材の応力度 ………………………………………………………22

第3章 材料特性 　　　　　　　　　　　　　　（溝渕利明）
3.1 材料特性と構造物の特性 …………………………………… 26
3.2 コンクリートの材料特性 …………………………………… 27
3.2.1 コンクリートの強度特性 ……………………………… 28
3.2.2 コンクリートの変形特性 ……………………………… 32
3.2.3 コンクリートの熱特性 ………………………………… 35
3.2.4 コンクリートの収縮特性 ……………………………… 38
3.2.5 コンクリートのクリープ特性 ………………………… 38
3.3 鋼材の材料特性 ……………………………………………… 40
3.3.1 鋼の物理的特性 ………………………………………… 40
3.3.2 鋼材の種類と機械的特性 ……………………………… 40
3.3.3 鉄筋の応力-ひずみ関係 ………………………………… 42
3.3.4 異形鉄筋の寸法特性 …………………………………… 43
演習問題 ……………………………………………………………… 43

第4章 曲げを受ける部材
4.1 曲げ応力度 ……………………………………（岩月栄治）… 45
4.1.1 基本仮定 ………………………………………………… 45
4.1.2 曲げモーメントを受ける部材 ………………………… 45
4.2 ひび割れ幅と変形 ……………………………（氏家　勲）… 57
4.2.1 ひび割れ幅 ……………………………………………… 58
4.2.2 許容曲げひび割れ幅 …………………………………… 61
4.2.3 変形（たわみ） ………………………………………… 63
4.3 曲げ耐力 ………………………………………（宮澤伸吾）… 65
4.3.1 鉄筋コンクリートの曲げ破壊形式 …………………… 65
4.3.2 曲げ耐力の算定方法 …………………………………… 66
演習問題 ……………………………………………………………… 69

第5章 せん断力を受ける部材 　　　　　　　　　（大下英吉）
5.1 せん断破壊性状 ……………………………………………… 72
5.2 断面力とひび割れ …………………………………………… 73

5.2.1　断面力と応力 …………………………………………… 73
　　5.2.2　ひび割れとせん断補強鉄筋 …………………………… 78
　　5.2.3　破壊形式 ………………………………………………… 79
　5.3　せん断耐荷機構 ……………………………………………… 81
　　5.3.1　コンクリートの耐荷機構 ……………………………… 81
　　5.3.2　せん断補強鉄筋の耐荷機構 …………………………… 83
　　5.3.3　トラス理論 ……………………………………………… 84
　　5.3.4　ウェブコンクリートの耐荷機構 ……………………… 86
　5.4　モーメントシフト …………………………………………… 88
　　5.4.1　はり理論とトラス理論 ………………………………… 88
　　5.4.2　トラス理論による曲げモーメント …………………… 88
　演習問題 …………………………………………………………… 92

第6章　軸力と曲げを受ける部材　　　　　　　　　（氏家　勲）
　6.1　軸力を受ける柱部材の挙動 ………………………………… 96
　　6.1.1　軸力を受ける柱部材の弾性解析 ……………………… 96
　　6.1.2　軸力を受ける柱部材の断面耐力 ……………………… 97
　　6.1.3　横方向鉄筋の種類と効果 ……………………………… 98
　6.2　曲げと軸力を受ける部材の挙動 …………………………… 99
　　6.2.1　曲げと軸力を受ける部材の弾性解析 ………………… 100
　　6.2.2　曲げと軸力を受ける部材の断面耐力 ………………… 102
　演習問題 …………………………………………………………… 106

第7章　構造細目　　　　　　　　　　　　　　　　（笠井哲郎）
　7.1　構造細目とは ………………………………………………… 107
　7.2　鉄筋に関する構造細目 ……………………………………… 107
　　7.2.1　かぶり …………………………………………………… 107
　　7.2.2　鉄筋のあき ……………………………………………… 109
　　7.2.3　鉄筋の配置 ……………………………………………… 111
　　7.2.4　鉄筋の曲げ形状 ………………………………………… 112
　　7.2.5　鉄筋の定着 ……………………………………………… 115

7.2.6　鉄筋の継手 ………………………………………………………… 118
　7.3　その他の構造細目 ……………………………………………………… 120
　　　7.3.1　面取り ……………………………………………………………… 120
　　　7.3.2　露出面の用心鉄筋 ………………………………………………… 120
　　　7.3.3　開口部周辺の補強 ………………………………………………… 121
　　　7.3.4　打継目 ……………………………………………………………… 121
　　　7.3.5　伸縮継目 …………………………………………………………… 121
　　　7.3.6　ひび割れ誘発目地 ………………………………………………… 122
　　　7.3.7　水密構造 …………………………………………………………… 123
　　　7.3.8　コンクリート表面の保護 ………………………………………… 123
　　　7.3.9　ハンチ ……………………………………………………………… 124
　演習問題 ……………………………………………………………………… 124

文　　献 ………………………………………………………………………… 125
演習問題の解答 ………………………………………………………………… 127
付録1：限界状態設計法によるコンクリートはりのせん断補強鉄筋の設計例
　　　………………………………………………………（大下英吉）… 141
付録2：限界状態設計法による鉄筋コンクリート逆T形擁壁の設計例
　　　………………………………………………………（氏家　勲）… 148
付録3：許容応力度設計法による鉄筋コンクリート逆T形擁壁の設計例
　　　………………………………………………………（宮澤伸吾）… 159
資料1：逆T形擁壁の配筋図 ………………………………………………… 170
資料2：鉄筋の寸法・断面積・質量 ………………………………………… 172
索　　引 ………………………………………………………………………… 173

1 序　　論

1.1　コンクリート構造の種類

　コンクリート構造は，道路・鉄道（橋梁，トンネル，舗装），ライフライン（上下水道，電気，ガス，通信），防災施設（防波堤，ダム，遊水池，ロックシェッド），建築物（ビル，住宅），エネルギー施設（発電所，貯油タンク，ダム），港湾，空港などのさまざまな構造物に利用されており，われわれの安全・安心・快適な生活に不可欠なものとなっている．

　コンクリート構造を，その構造形式に着目すると，図1.1に示すように，無筋

温井ダム

みなとみらい駅

木曽川橋（第二名神高速道路）

写真1　コンクリート構造物の例（写真提供：鹿島建設）

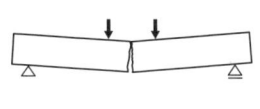
無筋コンクリート

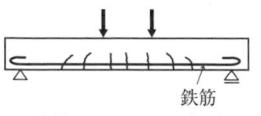
鉄筋コンクリート（RC）

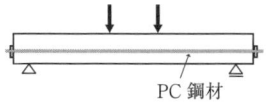
プレストレストコンクリート（PC）

図1.1　コンクリート構造の分類

コンクリート，鉄筋コンクリートおよびプレストレストコンクリートに分類することができる．以下にこれらの概要を述べる．

(1) 無筋コンクリート（plain concrete）

無筋コンクリートは，鉄筋により補強することなく，コンクリートだけで荷重に対して抵抗する構造である．荷重の作用によりコンクリートに引張応力が発生しない構造物，たとえば，ダム，トンネル，各種ブロックなどに利用されている．

(2) 鉄筋コンクリート（reinforced concrete, RC）

鉄筋コンクリートは，コンクリートの内部に鉄筋を配置することによってコンクリートを補強したものである．圧縮に強いコンクリートおよび引張に強い鉄筋に，それぞれ圧縮応力および引張応力を負担させる合理的な構造である．鉄筋コンクリートは，適切な設計・施工・維持管理が行われることによって，安全性，耐久性に優れた構造物を経済的に構築できるため，橋梁をはじめ多種多様な構造物に幅広く利用されている．鉄筋コンクリートの設計においては，一般に，曲げひび割れの発生を前提としているが，曲げひび割れ幅を許容値以下に制御することによって，鉄筋の腐食に対する抵抗性が確保されている．

鉄筋コンクリートは，現在では世界各国で幅広く使用されているが，鋼材と比べると，その歴史（下表参照）は浅いといえる．そして，100年以上経過した鉄筋コンクリート製の橋や防波堤など，まだ現役で活躍しているものも少なくない．

鉄筋コンクリートの歴史

1824年	セメントの特許（イギリス）
1850年	鉄筋コンクリートのボート（フランス）
1867年	鉄筋コンクリート床版の特許（フランス）
1875年	鉄筋コンクリートアーチ橋（フランス）
1878年	異形鉄筋の発明（アメリカ）
1887年	鉄筋コンクリートの理論の発表（ドイツ）
1890年頃	防波堤のコンクリートブロック（横浜港，小樽港など）
1903年	鉄筋コンクリート橋（神戸市若狭橋，琵琶湖疎水運河アーチ橋）

(3) プレストレストコンクリート（prestressed concrete, PC）

プレストレストコンクリートは，PC鋼材を用いて，あらかじめコンクリートに圧縮応力（プレストレス）を導入することによって，荷重の作用に起因するコンクリートの引張応力を相殺する構造である．導入するプレストレスの大きさに

応じて，つぎのような3種類の設計が可能である．
① コンクリートに引張応力の発生を許容しない．
② コンクリートに引張応力の発生を許容するが，曲げひび割れの発生を許容しない．
③ コンクリートに曲げひび割れの発生を許容するが，曲げひび割れ幅を許容値以下に制御する．

上記①および②はPC構造，③はPRC（prestressed reinforced concrete）構造として分類される．①は，ひび割れの発生が許容されない貯水槽や貯蔵タンクなどに適用される．②は，スパンが大きい橋梁などに適用されることが多い．これは，PC構造の場合，全断面が有効となるため鉄筋コンクリートに比べて断面寸法が小さくでき，自重を軽減することが可能となるためである．③は，曲げひび割れ幅を小さく制御することが可能であるため，鋼材の腐食に対する抵抗性を確保する上で有効である．

1.2 鉄筋コンクリートの特徴

鉄筋コンクリートが優れた構造部材として成立するのは，鉄筋とコンクリートがきわめて合理的な組み合わせであり，下記に示すような，鉄筋単独またはコンクリート単独では得られない優れた複合効果が発揮されるためである．

① コンクリートは強アルカリ性であるのでコンクリートに埋め込まれた鉄筋は錆びない．ただし，設計耐用期間中にコンクリートの中性化が鉄筋の位置まで到達しないよう，使用材料・配合，かぶり，曲げひび割れ幅などに配慮する必要がある．
② 鉄筋とコンクリートの付着強度は十分大きいので，両者の間にすべりはほとんど生じず，鉄筋とコンクリートが一体となって荷重に抵抗することができる．鉄筋として異形棒鋼を使用することは付着強度の確保に有効である．
③ コンクリートと鉄筋の熱膨張係数は，いずれも約 10×10^{-6}/℃であり，ほぼ等しい．そのため，外気温の変化などによって部材に温度変化が生じても，コンクリートと鉄筋の間にずれ応力がほとんど生じない．

鉄筋コンクリートの構造部材としての特徴（長所と短所）は，以下のとおりである．

［長　所］
・種々の形状，寸法の構造物を比較的容易に造ることができる．
・耐久性，耐火性に優れている．
・維持費のコストが比較的低い．
・材料の入手が容易であり，経済的である．

［短　所］
・ひび割れを生じやすく，また局部的に欠けやすい．
・重量が大きい（ダムなどに用いる場合は長所となる）．
・改造あるいは取り壊しが容易でない．
・構造物の性能，特に耐久性が施工の良否の影響を受けやすい．

1.3 鉄筋コンクリートの成り立ち

1.3.1 構造形式

　鉄筋コンクリートは，鉄筋とコンクリートが一体となって荷重に抵抗する複合構造であり，両者の弱点を相互に補うとともに長所を最大限に発揮できる構造材である．コンクリートは圧縮に強く引張りに弱い，ひび割れが生じやすいなどといった脆性材料である．また，初期に十分な流動性を有し，時間とともに硬化することから任意形状や寸法の構造物を造ることが可能である．鉄筋は，圧縮，引張りともに強い延性材料であるが，腐食を生じたり座屈するなどといった問題がある．コンクリートと鉄筋を複合することにより，コンクリートにおいては，強度の増加，ひび割れの分散とその進展や幅の抑制という利点があり，鉄筋においては，腐食や座屈の防止といった利点がある．その特性を生かし鉄筋コンクリート構造物にはあらゆる構造形式のものがある．この際，鉄筋コンクリート本来の機能や耐荷性を発揮するためには，鉄筋とコンクリートの付着が十分であること，ひび割れ発生後も一体性を有することや構造形式や荷重に応じて適切な位置に鉄筋を配筋するなどが必要である．

　現在において鉄筋コンクリート構造物の主たる構造形式は**表1.1**に示すように，構造体に要求される機能，部材の形状，荷重の状態から，大別すると3種類に集約できる．

　ここでは，はりや柱に代表される棒部材（1軸部材），スラブや壁といった平

1.3 鉄筋コンクリートの成り立ち

表 1.1 鉄筋コンクリート構造物の代表的な構造形式

構造形式	部材形式	事　例
はり，柱，ラーメン	棒	建物のはり，短柱，長柱，柱，はりなど
スラブ，壁，フーチング	平面	床，壁構造，耐震壁，基礎
アーチ，シェル	立体曲面	アーチダム，原子炉格納容器，LNG タンク

面部材（2軸部材）ならびに立体曲面部材（3軸部材または2軸部材の集合）に対する荷重の性質，変形やひび割れの特性ならびに鉄筋の配置方向の一般を示しておく．

1.3.2 棒 部 材

はり，柱やラーメンのような構造形式である棒部材は，荷重の作用に対して軸方向と軸直交方向への変形が生じるため，それぞれの方向に鉄筋が配筋される．

はりは，軸直交方向からの力の作用を受け断面力に曲げモーメント，せん断力，ねじり（特例）を考慮することとなる．図 1.2 に示すような単純ばりの場合では，下縁には軸方向に曲げ引張力が発生し，上縁に向かって曲げひび割れが発生進展するため，その制御に引張主鉄筋が軸方向に配筋される．また，上縁には，曲げ圧縮力が生じ，それに抵抗するように圧縮鉄筋も配筋される［図 1.2 (a)］．一方，力の載荷点と支点の2間でせん断力（せん断応力）が卓越し，それに抵抗するかたちで直行方向（あるいは軸方向に対して 45°方向）に鉄筋が配筋される［図 1.2 (b)］．

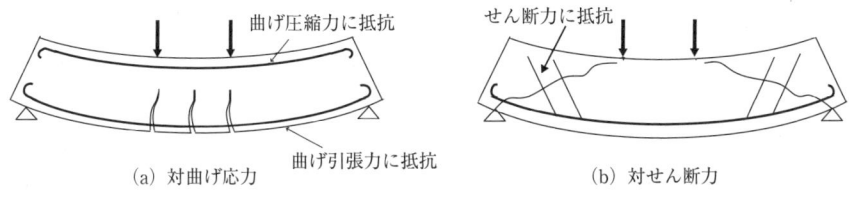

図 1.2　棒部材のひび割れ発生方向と鉄筋の配筋方向

柱は，断面寸法に対して軸方向に長い部材であり，短柱と長柱に大別される．このような部材は，軸方向からの力の作用を受け，主として軸方向圧縮力を考慮することとなる．したがって，この圧縮力を分担するために軸方向鉄筋が配筋され，鉄筋の座屈防止やコンクリートの直交方向変位の拘束のために軸直交方向にも鉄筋が配筋される（図 1.3）．短柱は軸方向力のみを考慮し，軸直交方向の変

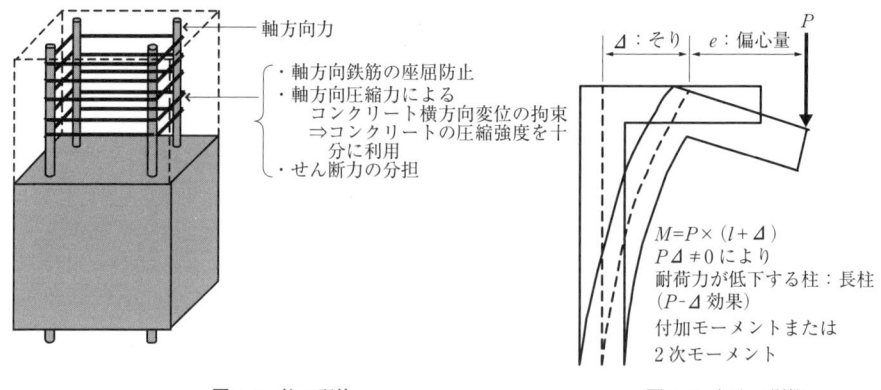

図1.3 柱の配筋　　　　　　　図1.4 偏心の影響

位は無視する．一方，長柱は図心から偏心した位置に荷重が作用する場合は当然であるが，図心位置に荷重が作用したとしても，軸方向力および曲げモーメントとせん断力を考慮し，軸直交変位も考慮しなければならない（図1.4）．

このような曲げモーメントやせん断力の影響が大きい場合には，はりとしての設計が必要となる．特に，長柱においては，座屈現象に十分な配慮が必要である．また，曲げモーメントは，通常の偏心量 e に加えて，そり Δ といった付加モーメント（2次モーメント）も考慮しなければならない．

ラーメンは図1.5に示すように柱とはりが一体となった構造形式であり，特に建築構造物に多く用いられている．この形式は，柱とはりにそれぞれ上述した特性をそのまま適用することとなる．ここで特に注意が必要なことは，柱とはりの接合部が構造的に弱点となるため鉄筋が密に配置されたり，各種の接合手法が用

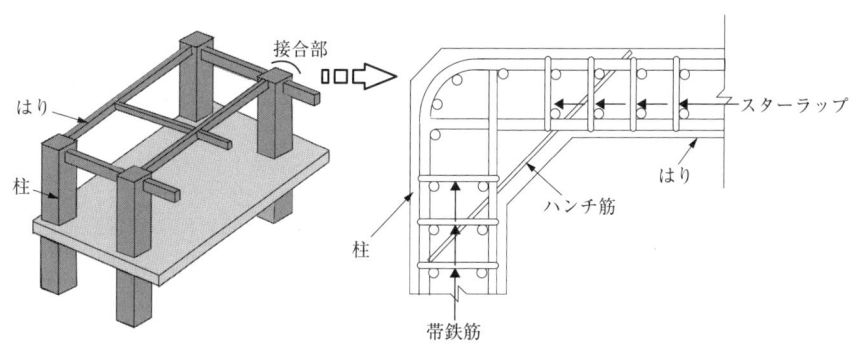

図1.5 ラーメン

いられている．

1.3.3 平面部材

スラブ，壁，フーチングのような平面部材は，その厚さが長さあるいは幅に比べて非常に薄い平面状の部材であり，面内あるいは面外に荷重が作用することとなる．

図1.6に示すスラブではおもに面に対してほぼ直交に荷重が作用するため，曲げモーメントのみが卓越し，力学的挙動ははりに近い．したがって，はりでいうところの軸方向鉄筋のみが格子状に配筋され，せん断補強筋は必要としない．

一方，過大な集中荷重を受けたり，支持近傍においては，せん断力を考慮しなければならず，せん断破壊に対する配慮が必要である．

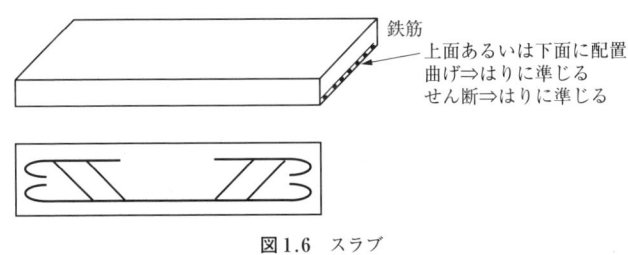

図1.6 スラブ

壁は部材厚さに対して長手方向の長さが4倍以上を有する平面部材であり，図1.7に示すように荷重の作用方向と支持方法により4つに区分される．壁が完全に支持された状態で荷重の作用方向が（ⅰ）鉛直（長手方向に直交する面内），（ⅱ）面に垂直（長手方向に直交する面外），（ⅲ）長手方向（せん断）であるものと（ⅳ）単純支持された状態で鉛直方向（長手方向に直交する面内方向）に荷重が作用するものである．

（ⅰ）の状態では，柱に準じた設計となる．荷重が偏心せずに作用する場合には軸力のみを考慮し，偏心して作用する場合には軸力と曲げモーメントを考慮しなければならない．

（ⅱ）の状態では擁壁などに代表されるものであり，スラブに準じた設計となる．しかしながら，コンクリートの打設方向がスラブとは異なるため，構造細目に違いがあることに注意が必要である．

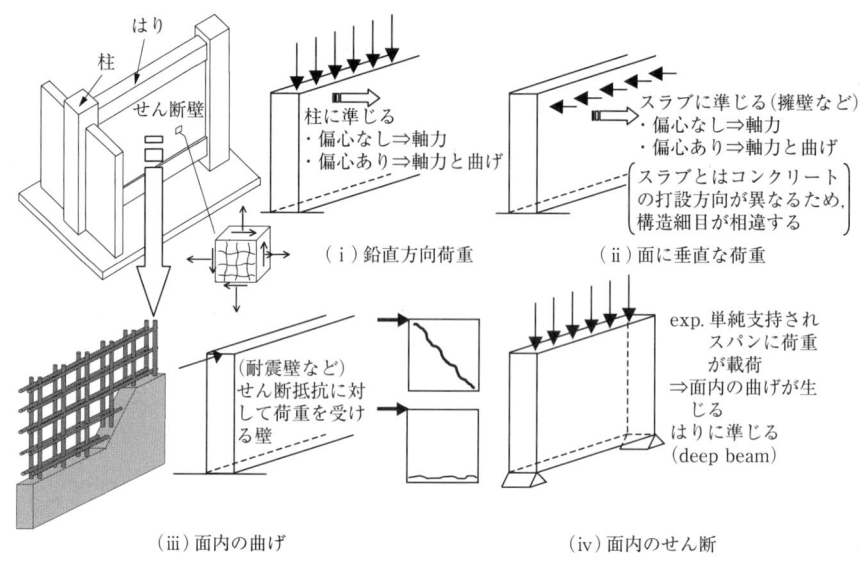

図1.7　壁構造

　(ⅲ)の状態は耐震壁に代表されるものであり，せん断抵抗により荷重を受ける壁である．せん断ひび割れが発生すると，その剛性が低下するため，曲げモーメントとせん断力の影響を考慮しなければならない．したがって，鉛直方向および長手方向に鉄筋が格子状に配筋されるかたちとなる．
　(ⅳ)の状態は，面内に曲げを受けるものであり，細長いはりというよりも比較的深いはり（ディープビーム）に類似の性質を持つ壁である．したがって，せん断破壊に対する考慮が必要となる．
　フーチングは，上部構造物の自重や作用する荷重を基礎構造物や地盤に伝達させるための部材であり，たとえば，一つの柱を支持するものから，壁のような連続したものを支持するものまである（図1.8）．フーチングには，上部構造物からの作用力，フーチングの自重，土砂などの上載荷重や地盤反力，杭反力，浮力などが作用する．考慮すべき断面力は曲げモーメントとせん断力であり，柱あるいは壁との接合位置を支点とした片持ばりとして検討する．対象とする断面は，曲げモーメントにおいては片持ばりとした支点の位置に（曲げモーメントが最大），せん断力においてはそこから$h/2$（h：フーチングの高さ）離れた位置における断面である．鉄筋は引張鉄筋，圧縮鉄筋および配力筋が配筋され，せん断補

1.3 鉄筋コンクリートの成り立ち

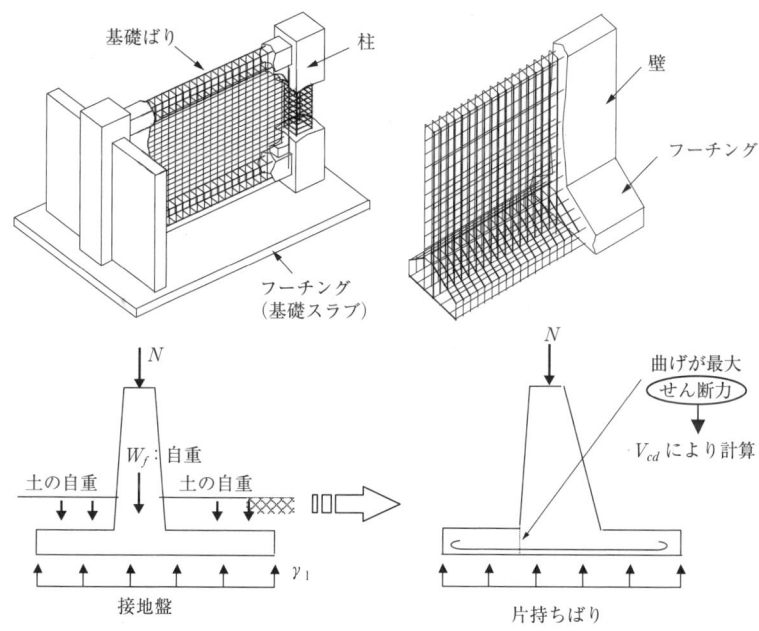

図1.8 フーチング

強筋は配筋しない（せん断力はコンクリートが分担）．

1.3.4 立体曲面部材

アーチ構造は，図1.9に示すようにその形状効果（アーチ機構）から荷重の作用によってアーチ部材（アーチリブ）断面内に圧縮力のみを生じさせるものであ

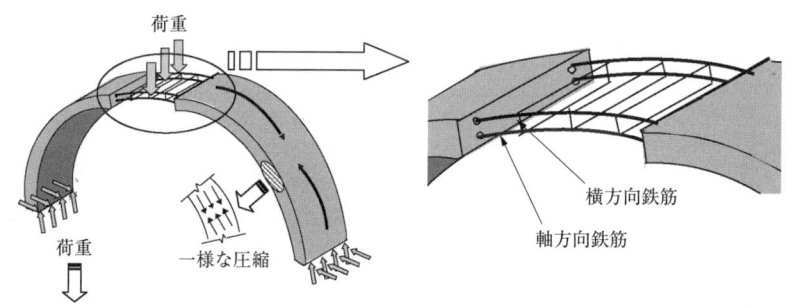

図1.9 アーチ構造

る．断面内に一様な圧縮のみが生じると曲げモーメントが低減されるため，より小さな断面寸法で荷重に抵抗することができる．したがって，鉄筋は軸方向鉄筋が上下面に対称に配筋されるとともに，軸方向鉄筋を囲むように横方向鉄筋も配筋される．この横方向鉄筋の役割は，軸方向鉄筋の座屈防止およびアーチ軸直交方向に生じる2次応力（たとえば，集中荷重が作用した場合，軸直交方向に曲げモーメントが発生など）に抵抗するものである．

シェル構造は，部材厚がその他の構造寸法（水平方向や直交方向）に比べて非常に小さい曲面スラブもしくは折板スラブである．作用する荷重は面内および面外の2種類であるため，図1.10に示すように部材には曲げモーメント，ねじりモーメント，軸力，せん断力が生じる．曲げモーメントやねじりモーメントのような面外の断面力は，面内力に置き換えられ，面内力を受ける平面部材として取り扱うこととなる．鉄筋は，部材の上下側に主応力の方向に沿う軸方向鉄筋（一般には，曲面方向）とそれに直交する鉄筋が配筋される．

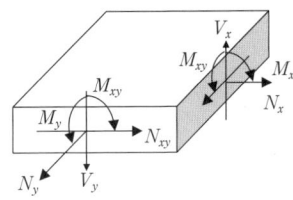

(a) シェルに作用する断面力

上外層に作用する面内力

$$N_x^T = \frac{N_x}{2} - \frac{M_x}{z}$$
$$N_y^T = \frac{N_y}{2} - \frac{M_y}{z}$$
$$N_{xy}^T = \frac{N_{xy}}{2} - \frac{M_{xy}}{z}$$

下外層に作用する面内力

$$N_x^B = \frac{N_x}{2} - \frac{M_x}{z}$$
$$N_y^B = \frac{N_y}{2} - \frac{M_y}{z}$$
$$N_{xy}^B = \frac{N_{xy}}{2} - \frac{M_{xy}}{z}$$

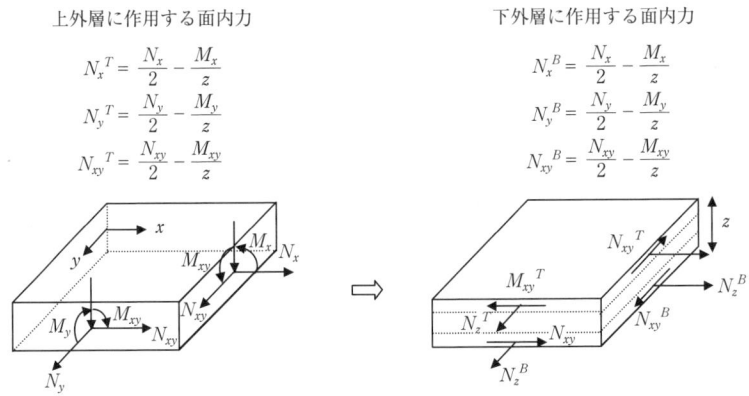

(b) モーメントの面内力への置換

図1.10　シェル構造

2 鉄筋コンクリートの設計法

2.1 設 計 の 基 本

　鉄筋コンクリート構造物の設計では，まず，対象とする構造物の使用目的に応じて要求される性能を設定し，その要求性能を満たすように構造計画（構造形式の設定など）を実施する．つぎに，構造詳細の設定を行い，設計耐用期間を通じて要求性能が満足されていることを照査する．このような設計の流れを具体的に示すと以下のとおりである．

(1) 要求性能の設定　　構造物の使用目的に適合するために要求される性能を設定する．構造物に対する要求性能としては，一般に，耐久性，安全性，使用性，復旧性，環境や景観に関するものがある．

(2) 構造計画　　設定された要求性能を満たすように，構造形式などを設定する（たとえば橋梁であれば桁橋，アーチ橋，斜張橋などから設定する）．この際，構造特性ばかりでなく，使用材料，施工方法，維持管理手法，経済性などを考慮する必要がある．

(3) 構造詳細の設定　　構造計画に基づいて部材の形状・寸法，配筋，使用材料などの構造詳細を設定する．この際，土木学会「コンクリート標準示方書」[1]（以下，土木学会示方書と略記する）に示されている構造細目，設計マニュアル，過去の実績などを考慮する必要がある．

(4) 要求性能の照査　　設定された構造詳細によって構造物を建造した場合に，その構造物が，設計耐用期間を通じて所定の要求性能を満たしているか否かを照査する．土木学会示方書では，要求性能の照査は限界状態設計法によって行うことを基本としている．

2.2 要求性能の照査

2.2.1 要求性能の照査方法の種類

鉄筋コンクリートの要求性能の照査方法としては，許容応力度設計法，終局強度設計法，限界状態設計法の3種類がある．これらの設計法の相違点はつぎのようである．

(1) 図2.1は，鉄筋コンクリートに作用する荷重が増加していくときに，断面内の応力分布がどのように変化するかについて，曲げモーメントを受ける場合を例にして示している．荷重の大きさにより，コンクリートの応力度は，その大きさのみならず，その分布形状が変化する．図2.1の各段階のうち，どの段階に着目して構造物の性能照査を行うかが，許容応力度設計法，終局強度設計法，限界状態設計法により異なっている．すなわち，許容応力度設計法では第3段階について，終局強度設計法では第4段階について，限界状態設計法では第3段階および第4段階の両者について，それぞれ要求性能の照査が行われる．

(2) 設計においては，対象とする構造物で想定される種々の不確定要素に対して部材の安全性および使用性を確保するように考慮する必要がある．不確定要素には，荷重のばらつき，材料強度のばらつき，部材寸法の誤差，鉄筋位置の誤差，計算式の誤差など，種々の要因が含まれている．これらの不確定要素に対して，構造物が余裕をもって安全であるように設計しなければならない．この余裕の程度である安全率の設定方法が，許容応力度設計法，終局強度設計法，限界状態設計法により異なっている．

(3) 許容応力度設計法および終局強度設計法における安全率は，前者では許

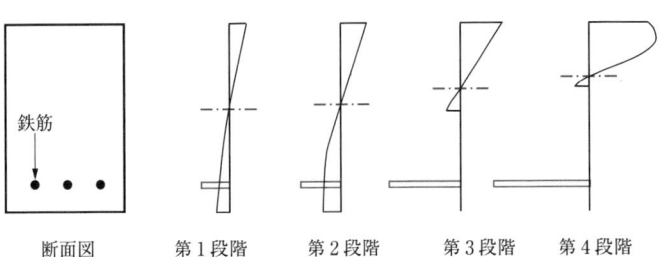

図2.1 鉄筋コンクリートの断面内の応力分布

容応力度として，後者では荷重係数として考慮されている．すなわち構造物で想定されるさまざまな不確定要素を個別に考慮せずに，許容応力度または荷重係数によって一括して考慮するという方法である．これに対して，限界状態設計法における安全率は，荷重に対する安全率，材料強度に対する安全率，計算方法に対する安全率などに細分化されており，さまざまな不確定要素に対して個別に安全率が設定されている．

表 2.1は，上記(1)～(3)に示した各種設計法の特徴を比較したものである．各設計法の概略を以下に記述する．

表 2.1 各種設計法の特徴

	許容応力度設計法	終局強度設計法	限界状態設計法
導入時期	1890 年代	1930 年代	1986 年
安全率の対象	材料強度	荷重	材料強度，荷重，計算方法，施工精度，構造物の重要度
荷重レベル（図2.1）	使用状態（第3段階）	終局状態（第4段階）	使用状態（第3段階），終局状態（第4段階），疲労
照査項目	コンクリートおよび鉄筋の応力度	耐　力	・耐　力 ・ひび割れ幅 ・変　形 ・コンクリートおよび鉄筋の応力度 ・疲労耐力
特　長	計算が簡単明瞭である．	・破壊に対する安全度が確保される． ・荷重のばらつきに対する安全度が明確である．	詳細な検討が可能である．
問題点	・破壊に対する安全度が明確でない． ・荷重の種類によらず一律の安全率を採用している．	通常の使用状態における安全度が明確でない．	・やや煩雑である． ・安全係数の設定方法が明確でない．
構造物の例	道路橋	道路橋	鉄道橋 原子力・ガス関連施設

2.2.2　許容応力度設計法

許容応力度設計法[2]は，1890年代にわが国に鉄筋コンクリートが導入されて以来，現在にいたるまで100年以上にわたって多くの構造物の設計に採用されてきた．この設計方法は，コンクリートおよび鉄筋を弾性体と仮定して，簡単な計算によって鉄筋コンクリートの安全性を確保するものであり，現在でも種々の構造物の設計に採用されている．

許容応力度設計法では，図2.1の第3段階（使用状態）を想定して，部材の安

全性を確認する．すなわち，部材の通常の使用時における荷重を想定し，その荷重に対して4.1節に示す方法でコンクリートおよび鉄筋の応力度を算出し，それらが2.5節に示す許容応力度以下であることを確認することによって部材の安全性を確保する．第4段階（終局状態）の応力分布は，単に第3段階における応力分布を比例的に拡大したものではなく，コンクリートの圧縮応力分布の形状が第3段階のものと相違するので，許容応力度設計法の場合は，部材が破壊に対してどの程度の余裕を有しているかについては確認できない欠点がある．また，荷重のばらつき，材料強度のばらつき，施工誤差などの種々の不確定要素に伴う危険側の影響についても，許容応力度を超えないことを確認することのみで安全率を確保しているため，実際の余裕の程度は構造物ごとに異なることになる．

2.2.3 終局強度設計法

許容応力度設計法では，構造物の破壊に対してどの程度の余裕があるかについて確認できないことから，これを補うために，終局強度設計法が導入されるようになった．終局強度設計法では，図2.1の第4段階の荷重を想定して，破壊に対する部材の安全度を照査する．

終局強度設計法では，4.3節および5.3節に示す方法によって部材断面の耐力を算出し，各荷重に荷重係数を乗じたものを組み合わせて定めた終局荷重によって生じる断面力の計算値より大きくなることを確認することによって，破壊に対する安全性を照査する．日本道路協会「道路橋示方書」[3]では，終局荷重は次式により与えられている．

$$U = 1.3D + 2.5(L+I)$$
$$U = 1.0D + 2.5(L+I)$$
$$U = 1.7D(D+L+I)$$

ここに，U：荷重の設計値，D：死荷重，L：活荷重，I：衝撃荷重．

なお，「道路橋示方書」などでは，設計荷重作用時（第3段階）の安全性は許容応力度法によって照査し，終局荷重作用時（第4段階）の安全性は終局強度設計法によって照査確認することを規定している．

2.2.4 限界状態設計法

限界状態設計法では，図2.1の第3段階（使用状態）の荷重レベルを想定し

て，耐久性（たとえばひび割れ幅）や使用性（たとえば変形や振動）に対する照査を行い，第4段階の荷重レベルを想定して破壊に対する安全度の照査を行うものである．また，鉄道構造物や港湾構造物などのように，比較的高いレベルの荷重が繰り返し作用する場合には，疲労破壊に対する安全度の照査も行う．

限界状態設計法は，1964年にヨーロッパコンクリート委員会（CEB）により提唱されたもので，わが国でも，土木学会示方書において1986年に導入されている．現在では，許容応力度設計法を用いている構造物も多くあるが，限界状態設計法は，鉄道構造物などで採用されているなど，その合理性の高さから，しだいに適用範囲が拡大されていくものと思われる．

2.3 各種構造物の設計指針類

鉄筋コンクリート構造物は公共の利用に供されることが多いため，その設計は共通のルールに従って行われている．その設計ルールは，構造物の用途や種類，たとえば道路，鉄道，河川，海岸，上下水道，農業施設などに対応してそれぞれの指針類として規定されている．**表2.2**に各種構造物の設計指針類の例を示す．

表2.2 コンクリート構造物の設計指針類の例

制定機関	指針類の名称	対象構造物
(社)土木学会	コンクリート標準示方書（設計編，施工編，維持管理編，ダムコンクリート編）	コンクリート構造物全般
(社)日本道路協会	道路橋示方書（I共通編・Ⅲコンクリート橋編・同解説）	道路橋，橋台，橋脚，杭基礎，ケーソン基礎
(社)道路厚生会	設計要領 第二集（橋梁建設編，橋梁保全編，擁壁・カルバート編）設計要領 第三集（トンネル編）	道路橋，擁壁，カルバート，トンネル（山岳，シールド）
(財)鉄道総合技術研究所	鉄道構造物等設計標準・同解説 コンクリート構造物	鉄道高架橋，橋台，橋脚，トンネル（山岳，シールド），駅舎，擁壁
(社)日本河川協会	建設省 河川砂防技術基準（案）同解説（設計編I）	堤防，護岸，水門，樋門，砂防ダム，排水機場（ポンプ場）
(社)日本水道協会	水道施設設計指針 水道施設耐震工法指針・解説	取水堰，取水塔，貯水池，導水渠，浄水場，配水池
(社)日本下水道協会	下水道施設設計計画・設計指針と解説 下水道施設の耐震対策指針と解説	マンホール，カルバート，トンネル（開削，シールド），雨水調整池，排水機場（ポンプ場），汚水・汚泥処理場
(社)日本港湾協会	港湾の施設の技術上の基準・同解説	防波堤，防潮堤，波除堤，さん橋，灯台，護岸
(社)全国海岸協会	海岸保全施設の技術上の基準・同解説	堤防，護岸，消波堤，突堤，離岸堤，水門
(社)農業農村工学会	農業土木ハンドブック	用水路，頭首工（堰），貯水池，水門

これらの基準類は，技術・研究の進展や実構造物による検証結果を反映させるべく，随時（数年ごとの場合が多い）改定されている．たとえば，地震による構造物の崩壊・損傷の被害の経験や交通量の増加に伴う道路橋の早期劣化などを踏まえて，当該の指針類が改定されている．

土木学会示方書は，構造物の用途・種類によらず，コンクリート構造物全般にわたって設計方法の標準を示すものである．土木学会示方書では，多くの構造物に共通する設計の原則が定められており，表2.2に示した各種構造物の指針類の作成に際しても参照されることが多い．なお，本書の記述内容は，おもに土木学会示方書［設計編，2007年版］[1] に準拠して記述されている．

2.4 限界状態設計法

2.4.1 概　要

限界状態設計法では，供用中の構造物に想定される種々の不都合な状態（限界状態）を設定し，これが設計耐用期間中に生じないことを確認する．土木学会示方書では，下記3種類の限界状態について設定している．

(1) 終局限界状態：構造物または部材が破壊したり，転倒，座屈，大変形などを起こし，安定や機能を失う状態．

(2) 使用限界状態：構造物または部材が過度のひび割れ，変位，変形，振動などを起こし，正常な使用ができなくなったり，耐久性を損なったりする状態．

(3) 疲労限界状態：構造物または部材が変動荷重の繰返し作用により疲労破壊する状態．

2.4.2 安　全　係　数

構造物で想定される種々の不確定要素に対して，不確定要素ごとに安全率を確保するために，複数の安全係数（材料係数，部材係数，荷重係数，構造解析係数）が設定されている．また，構造物の重要度に応じて異なる安全率を設定するための安全係数（構造物係数）が設定されている．土木学会示方書に定められている安全係数の内容を以下に示す．

材料係数 (γ_c, γ_s)　　材料強度の特性値からの望ましくない方向への変動，

供試体と構造物中との材料特性の差異，材料特性が限界状態に及ぼす影響，材料特性の経時変化などを考慮して定める．コンクリートについての材料係数（γ_c）は，現場における締固めや養生条件のばらつきや，荷重が長期間作用することの影響などを考慮して，鉄筋（鋼材）についての材料係数（γ_s）と比較して大きい値となっている．

部材係数（γ_b）　　部材耐力の計算上の不確実性，部材寸法のばらつきの影響，部材の重要度，すなわち対象とする部材がある限界状態に達したときに，構造物全体に与える影響などを考慮して定める．たとえば，耐力の算定式は，実験などによる経験式をベースとしているものや実用上の観点から簡略式となっているものが多く，これらの算定式には当然，不確実性が含まれている．また，施工時において部材寸法や鋼材位置などはばらつきを有しており，これらの施工誤差は部材の耐力のばらつきの要因となる．これらの不確実性に対して余裕度を確保するための係数を部材係数という．さらに，たとえば，はりに比べて柱のほうが重要度が高いといったように，構造物全体における各部材の重要度を考慮して，部材ごとに部材係数の値を定める．

荷重係数（γ_f）　　荷重の特性値からの望ましくない方向への変動，荷重の算定方法の不確実性，設計耐用期間中の荷重の変化，荷重の特性が限界状態に及ぼす影響などを考慮して定める．荷重係数は，荷重の種類（たとえば自重，活荷重，衝撃荷重など）によって異なるとともに，限界状態の種類および検討の対象としている断面に生じる応答値への荷重の影響（たとえば，最大値，最小値のいずれが不利な影響を与えるかなど）によっても異なる．

構造解析係数（γ_a）　　応答値（断面力，応力，ひび割れ幅，たわみ）を算定する際の，構造解析の不確実性などを考慮して定める．構造解析係数 γ_a は，一般に 1.0 としてよい．

構造物係数（γ_i）　　構造物の重要度，限界状態に達したときの社会的影響度などを考慮して定める．構造物係数は，一般に 1.0～1.2 としてよい．構造物の重要度としては，対象とする構造物が限界状態にいたった場合の社会的影響，防災上の重要性，再建あるいは補修に要する費用などの経済的要因も含まれる．

　安全係数の値は，本来は，それぞれの不確定要素のばらつきの程度に応じて確率論的に決定されるべきものであるが，データが少ないため困難な現状にある．そのため，現時点では，安全係数の値は経験的に定められており，今後，データ

の蓄積とともに，より合理的な値が定められるものと考えられる．表2.3は土木学会示方書に示されている安全係数の標準的な値を示している．

図2.2は，上記の安全係数を用いた要求性能の照査方法について，終局限界状態における曲げ破壊に対する照査を例にして示したものである．断面破壊を対象とする安全性照査においては，荷重の特性値から設計応答値（設計曲げモーメント）を求める過程でγ_fとγ_aの2つの安全係数を，また，材料強度から設計限界値（設計曲げ耐力）を求める過程でγ_mとγ_bの2つの安全係数を設定し，さらに設計応答値と設計限界値を比較する段階で安全係数γ_iを設定している．

表2.3 標準的な安全係数の値[1]

要求性能(限界状態)		安全係数	材料係数 γ_m		部材係数 γ_b	構造解析係数 γ_a	荷重係数 γ_f	構造物係数 γ_i
			コンクリート γ_c	鋼材 γ_s				
安全性(断面破壊)[a]			1.3	1.0または1.05	1.1〜1.3	1.0	1.0〜1.2	1.0〜1.2
安全性 (断面破壊・崩壊)[b] 耐震性能Ⅱ・Ⅲ[b]	応答値		1.0	1.0	-	1.0〜1.2	1.0〜1.2	1.0〜1.2
	限界値		1.3	1.0または1.05	1.0, 1.1〜1.3	-	-	
安全性(疲労破壊)[a]			1.3	1.05	1.0〜1.1	1.0	1.0	1.0〜1.1
使用性[a] 耐震性能Ⅰ[a]			1.0	1.0	1.0	1.0	1.0	1.0

a) 線形解析を用いる場合，b) 非線形解析を用いる場合．

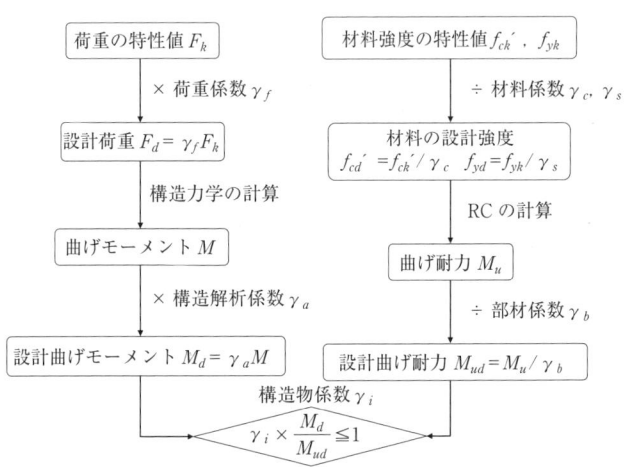

図2.2 限界状態設計法における照査の流れ（曲げ破壊に対する検討の場合）

2.5 許容応力度設計法

2.5.1 概　要

　許容応力度設計法は，第1章で紹介したように従来から広く用いられてきた設計法である．基本的考え方は，まず，鉄筋コンクリート部材の断面力（曲げモーメント，せん断力，軸方向力など）によって生じるコンクリートおよび鉄筋の応力度を弾性理論で算定する．そして，それらの応力度がコンクリートおよび鉄筋のそれぞれの許容応力度より小さくなるように断面を設計するものである．許容応力度設計法は，限界状態設計法に移行したあとでも簡易な設計手法として，現在なお設計実務では数多く用いられている．

　この設計法における安全度の確保は，コンクリートおよび鉄筋に設けられた安全率によるものである．この安全率は，おもに材料強度のばらつきの大きさによって定まるが，その他に，構造物の形式，構造解析における不確実性，施工精度のばらつきおよび経験的な判断なども包括して総合的に定められている．強度のばらつきの大きいコンクリートでは3～3.5，ばらつきの小さい鉄筋では1.7～1.8の安全率が用いられてきた．材料の許容応力度は各材料の強度をそれぞれ設けられた安全率で除して求められる．土木学会示方書などでは，設計条件や材料の使用条件などにより，安全率を規定するのではなく，安全率で除した各

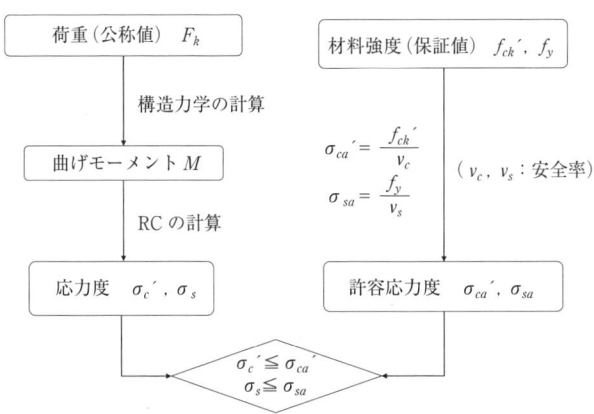

図2.3　許容応力度設計法における照査の流れ（曲げモーメントに対する検討の場合）

材料の許容応力度が規定され用いられている．図2.3に安全率と許容応力度の関係および許容応力度設計法の考え方を示す．実際には，次項に示したコンクリートおよび鉄筋の許容応力度（σ_{ca}', σ_{sa}）と4.1節の方法で算出するコンクリートおよび鉄筋の応力度（σ_c', σ_s）を照査して部材の設計を行う．

2.5.2 材料の許容応力度

鉄筋コンクリート部材を設計する際に用いる材料の許容応力度は，土木学会示方書[2]において，おもに各種応力に対するコンクリートおよび鉄筋の強度，その他の性質を基として荷重状態に応じて標準値が規定されているが，設計実務では構造物の重要度，荷重の性質，地域的条件，施工条件などを考えて，安全で経済的な設計が得られるように，下記に記載する許容応力度の標準値以下で適当に定めなければならない．

(1) コンクリート許容応力度

コンクリートの許容応力度は，一般に28日設計基準強度（f_{ck}'）を基に，つぎのように定められている．

1) 許容曲げ圧縮応力度

許容曲げ圧縮応力度 σ_{ca}'（軸方向力を伴う場合を含む）は，表2.4の値以下とする．なお，表にない $f_{ck}'=22$（N/mm^2）などに対応する σ_{ca}' は，補間法により求める（$f_{ck}'=22$（N/mm^2）の場合，σ_{ca}' は $=8$（N/mm^2）となる）．

表2.4 許容曲げ圧縮応力度 σ_{ca}'（N/mm^2）[2]

項 目	設計基準強度 f_{ck}'(N/mm^2)			
	18	24	30	40
許容曲げ圧縮応力度	7	9	11	14

2) 許容せん断応力度

普通コンクリートの許容せん断応力度 τ_a は，表2.5の値以下とする．このせん断応力度以下であれば，斜めひび割れの発生するのを避けられること，また斜めひび割れが発生した場合でもその幅を有害な大きさにならないように抑えることができ，せん断破壊に対し安全な部材となる．

3) 許容付着応力度

普通コンクリートの許容付着応力度 τ_{oa} は表2.6の値以下とする．鉄筋とコン

2.5 許容応力度設計法

表 2.5 許容せん断応力度 τ_a (N/mm^2)[2]

項　目		設計基準強度 f_{ck}' (N/mm^2)			
		18	24	30	40 以上
斜め引張鉄筋の計算を しない場合 τ_{a1}	はりの場合	0.4	0.45	0.5	0.55
	スラブの場合[a]	0.8	0.9	1.0	1.1
斜め引張鉄筋の計算を する場合 τ_{a2}	せん断力のみの場合[b]	1.8	2.0	2.2	2.4

a) 押し抜きせん断に対する値である．b) ねじりの影響を考慮する場合にはこの値を割増してよい．

クリートの付着強度は，コンクリートの強度，鉄筋の表面形状のほか，部材における鉄筋の位置および方向（コンクリートの打込み方向に対する）などにより異なり，なお明らかでない点も多いが，これまでの実績を考慮し，より安全側に定められている．

表 2.6 許容付着応力度 τ_{oa} (N/mm^2)[2]

鉄筋の種類	設計基準強度 f_{ck}' (N/mm^2)			
	18	24	30	40 以上
普通丸鋼	0.7	0.8	0.9	1.0
異形鉄筋	1.4	1.6	1.8	2.0

4) 許容支圧応力度

支承コンクリートの全表面積を A，支圧を受ける面積を A_a とした場合，A/A_a の値によって許容支圧応力度 σ_{ca}' は異なり，普通コンクリートについては次式により求める．

① $A = A_a$ の場合

$$\sigma_{ca}' \leq 0.3 f_{ck}$$

② $A > A_a$ の場合

$$\sigma_{ca}' \leq (0.25 + 0.05 A/A_a) f_{ck} \quad \text{ただし} \quad \sigma_{ca}' \leq 0.5 f_{ck}$$

③ 支圧を受ける部分が十分補強されている場合は，試験によって安全率が 3 以上となる範囲内で，許容支圧応力度を定めてもよい．

(2) 鉄筋の許容応力度

1) 許容引張応力度

JIS G 3112 に適合する鉄筋の許容引張応力度 σ_{sa} は，つぎの (a)〜(c) の場合について，それぞれに該当する**表 2.7** の値とする．

表 2.7 鉄筋の許容引張応力度 σ_{sa} (N/mm²)[2]

鉄筋の種類	SR235	SR295	SD295A,B	SD345	SD390
(a) 一般の場合の許容引張応力度	137	157(147)	176	196	206
(b) 疲労強度より定まる許容引張応力度	137	157(147)	157	176	176
(c) 降伏強度より定まる許容引張応力度	137	176	176	196	216

注：( ) 内は，軽量骨材コンクリートに対する値．

　(a) の一般の場合の許容引張応力度は，通常の露出状態の一般の部材で繰返し荷重の影響が著しくない場合に用いる．

　(b) の疲労強度より定まる許容引張応力度は，繰返し荷重の影響が著しい (繰返し回数が 2×10^6 回程度) 場合に用いる．

　(c) の降伏強度 (降伏点) より定まる許容引張応力度は，地震の影響を考える場合，鉄筋の重ね継手の重ね合わせ長さまたは定着長を算出する場合などに用いる．

2) 許容圧縮応力度

JIS G 3112 に適合する鉄筋の許容圧縮応力度 σ_{sa}' は，表 2.7 の (c) 欄の降伏点より定まる許容引張応力度の値としてよい．

(3) 許容応力度の割増

許容応力度は，前述の (1) および (2) に規定した値を以下のように割り増して用いてよい．

① 温度変化および収縮を考慮した場合には，1.15 倍まで高めてよい．
② 地震の影響を考えた場合は，1.5 倍まで高めてよい．
③ 温度変化，収縮および地震の影響を考えた場合は，1.65 倍まで高めてよい．
④ 一時的な荷重またはきわめてまれな荷重を考えた場合は，コンクリートの許容応力度に対しては 2 倍，鉄筋の許容応力度に対しては 1.65 倍までそれぞれ高めてよい．

2.5.3 部材の応力度

(1) 曲げ部材の曲げ応力度

曲げモーメントまたは曲げモーメントと軸方向力を受ける鉄筋コンクリート部材のコンクリートと鉄筋の応力度は，つぎの 3 つの仮定に基づいて弾性理論によって計算する．

① 断面の決定または応力度の計算では，一般にコンクリートの引張応力を無視し，縦ひずみは断面の中立軸からの距離に比例するものとする．

② 断面の決定または応力度の計算では，鉄筋（E_s）とコンクリート（E_c）のヤング係数比（$n=E_s/E_c$）を 15 としてよい．

③ 鉄筋が部材の設計断面に直角に交わらない場合には，鉄筋断面積（A_s）に鉄筋がその断面となす角（θ）の正弦（sin）を掛けた値を鉄筋の有効断面積とする．すなわち，有効断面積＝$A_s \sin \theta$ とする．

(2) せん断応力度

1) はりおよびスラブのせん断応力度 τ は，部材の有効高さの変化の有無により，次式で計算する．

① 部材の有効高さが一定の場合

$$\tau = V/b_w jd = V/b_w z$$

ここに，V：せん断力，b_w：部材断面の腹部の幅，$z=jd$：全圧縮応力の作用点から引張鉄筋断面の図心までの距離．

② 部材の有効高さが変化する場合

$$\tau = V_1/b_w jd = V_1/b_w z$$

ここに，$V_1 = V - (M/d)(\tan \alpha + \tan \beta)$，$M$：曲げモーメント，$d$：考えている断面の有効高さ，$\alpha$：部材下面が水平線となす角度，$\beta$：部材上面が水平線となす角度．

α および β は，図 2.4 に示すように，曲げモーメントの絶対値が増すに従って，部材上下面の傾きがそれぞれ有効高さを増す場合には正号を，有効高さを減

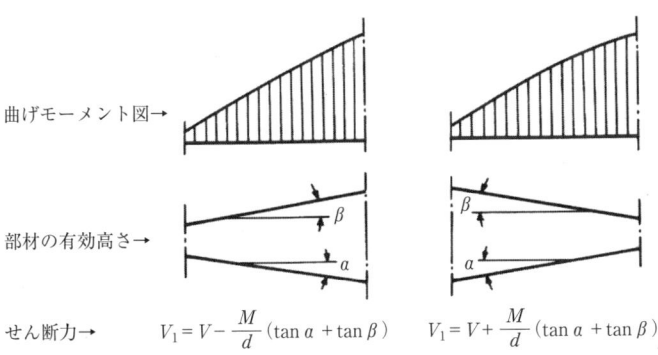

図 2.4 有効高さが変化する場合のせん断力 V_1 の取り方

じる場合には負号をとる．

　2）　せん断応力度は，はりおよびスラブにおいて斜め引張鉄筋の計算をしない場合，表 2.5 に示す許容せん断応力度 τ_{a1} を，斜め引張鉄筋の計算をする場合，τ_{a2} をそれぞれ超えてはならない．

　3）　上記 2）の条件を満たさない，すなわち，1）で計算したせん断応力度が表 2.5 に示す許容せん断応力度 τ_{a1} を超える区間においては，次式で求めた断面積以上の斜め引張鉄筋を配置する．

　①　部材軸に直角なスターラップ

$$A_w = V_s s / \sigma_{sa} jd$$

　②　折曲鉄筋

$$A_b = V_b s / \{\sigma_{sa} jd (\sin \alpha_b + \cos \alpha_b)\}$$

ここに，A_w：区間 s におけるスターラップの総表面積，
　　　　A_b：区間 s における折曲鉄筋の総表面積，
　　　　s：スターラップまたは折曲鉄筋の部材軸方向の間隔，
　　　　α_b：折曲鉄筋が部材軸方向となす角度，
　　　　V_s：スターラップが受けるせん断力，
　　　　V_b：折曲鉄筋が受けるせん断力，
　　　　$V_c + V_s + V_b \geqq V$：全せん断力，
　　　　$V_c = 1/2\, \tau_{a1} b_w jd$：斜め引張鉄筋以外が受けるせん断力．

(3) 押抜きせん断応力度

スラブでは，幅の広いはりとして前述(2)項によりせん断応力度の検討を行うだけでなく，次式で計算する押抜きせん断応力度 τ_p が，表 2.5 に示す許容せん断応力度 τ_{a1} を超えないようにしなければならない．

$$\tau_p = P / u_p d$$

ここに，P：集中荷重，d：スラブの有効高さ，u_p：載荷面から $d/2$ 離れた位置で算定した設計断面の周長．

(4) 付着応力度

せん断力が作用すると部材には水平せん断応力が発生し，これにより鉄筋とコンクリートがずれようとする．これに抵抗するように鉄筋表面とコンクリート界面に付着応力が生じる．このため，付着応力度 τ_0 は，せん断力 V または V_1 を用いて，次式で計算される．

① 部材の有効高さが一定の場合
$$\tau_0 = V/ujd = V/uz$$
　ここに，V：せん断力，u：鉄筋断面の周長の総和．

② 部材の有効高さが変化する場合
$$\tau_0 = V_1/ujd = V_1/uz$$
　ここに，V_1 は前述（2）項に規定したつぎの値である．
$$V_1 = V - (M/d)(\tan \alpha + \tan \beta)$$

③ 折曲鉄筋およびスターラップを併用してせん断力を受け持たせた場合には，①，② で算出した V または V_1 それぞれの値の 1/2 を付着応力度としてよい．

3 材料特性

3.1 材料特性と構造物の特性

　コンクリート構造物を構築していく上で，重要なことの一つにその構造物に適した材料の選定がある．ここでいう材料とは，コンクリートであり，補強材としての鋼材である．設計を適切に行ったとしても，それを具現化するためには材料が要求を満足していなければならない．構造物に適したコンクリートとはどんなものかといえば，その構造物の要求性能によって異なってくるが，どの構造物にもいえることは，良いコンクリートを提供することである．良いコンクリートとは，図3.1に示すようにフレッシュな状態において作業に適する流動性を有

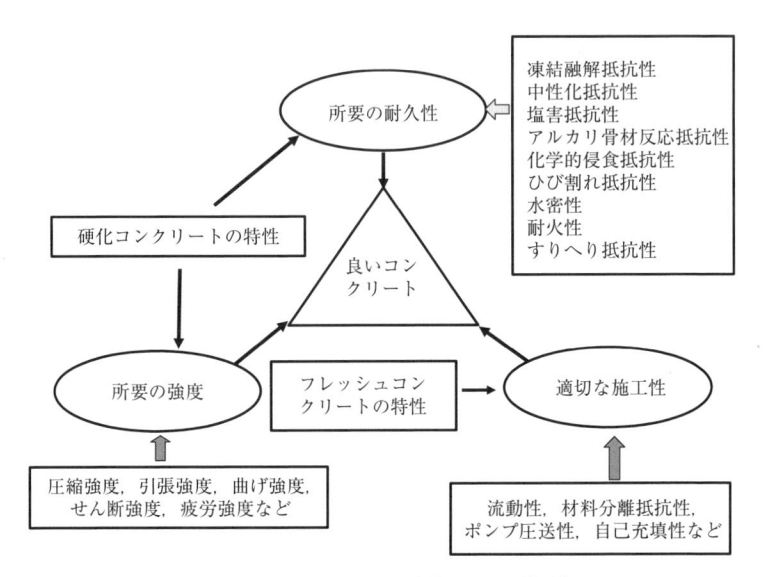

図3.1　良いコンクリートを作るための基本[4]

し，均質で材料分離を生じにくく，硬化後は所要の強度および耐久性を有し，かつ経済的なものでなければならない．フレッシュな状態においては，作業性を重視しすぎると硬化後の諸性状が悪くなることから，一般には作業に適するワーカビリティを有する範囲内で単位水量をできるだけ少なくすることが望ましいとされている．また，運搬，打込み，締固めおよび表面仕上げの各施工段階において，作業が容易に行え，均質性や品質が変化したりしないようにすることも重要である．さらに，所要の強度および耐久性を有するには，施工が良好に行われるだけでなく，その後の養生なども考慮する必要がある．

コンクリート構造物に用いる鋼材には，鉄筋，PC鋼材，構造用鋼材（鋼コンクリート合成構造などに適用），鋼材の定着や接続のための鋼材などがある．コンクリート構造物に用いる鋼材は，工場製品であり，そのほとんどがJISで規格化された製品であることから，コンクリートに比べて材料特性のばらつきは小さいといえる．

本章では，コンクリート構造物に用いるコンクリートおよび鋼材の材料特性について概説する．

3.2 コンクリートの材料特性

コンクリートは，水，セメント，細骨材，粗骨材，その他必要に応じて加えられる混和材料を構成材料として，これらを練り混ぜ，硬化させた複合材料である．コンクリートの材料としての大きな特徴のひとつに，時間経過とともにコンクリートの状態が変化していくことにある．練混ぜ直後のフレッシュコンクリートにおいては，ビンガム流体（Bingham fluid：非ニュートン流体の一種で，ある一定以上の応力（降伏応力）を与えないと流動を起こさないという挙動を示す流体）であるが，その後徐々に可塑性を失い，凝結状態を経て硬化にいたり，その後も水和反応に伴い時間経過とともに強度が増進していく．ただし，材齢1カ月以上になると強度の増進はそれほど大きくなく，長期的には経年劣化に伴って低下していくことになる．したがって，どの時点でのコンクリートの材料特性を設計用値として用いるかは，使用目的，環境条件，設計耐用年数，施工条件から求められる要求性能によって異なってくる．ただし，前述したように材齢1カ月以上になると強度の増進はそれほど大きくないことから，多くのコンクリート構

造物は材齢28日を設計上の基準材齢として定めている．また，コンクリートは，上述したように複合材料であることから，鋼材のような均質に近い材料に比べて複雑な挙動を示すことに注意する必要がある．

コンクリート構造物を設計していく際に必要となるコンクリートの材料特性としては，圧縮強度，引張強度，鋼材との付着強度などの静的強度および疲労強度の強度特性，ヤング係数，ポアソン比，クリープ係数や体積変化に伴う収縮ひずみなどの変形特性，熱膨張係数，熱伝導率，比熱，密度，透水係数（水密性），透気係数（気密性），塩化物イオン拡散係数（塩化物イオン遮蔽性）などの物理特性がある．

3.2.1 コンクリートの強度特性

コンクリートの場合，圧縮強度は他の強度（引張，曲げ，せん断など）に比較して大きいこと，強度評価のための試験法が比較的簡単であること，圧縮強度から他の強度や変形特性などを概略推定することができることから，コンクリートの代表特性値として用いる場合が多く，コンクリートの強度といった場合，圧縮強度を指すのが一般的である．

コンクリートの圧縮強度試験は，通常直径 100 mm，高さ 200 mm の円柱供試体（日本，アメリカ，フランス，カナダ，オーストラリア，ニュージーランドで円柱供試体を用い，イギリス，ドイツなどのヨーロッパ諸国は立方体供試体を用い，スウェーデンなどでは両方用いている）を用いて行う．コンクリートの圧縮強度は養生温度や乾燥状態によって大きく異なることから，20℃（±3℃）の水中で養生したものを標準（標準養生）としている．

コンクリートの圧縮強度は，同一の設計基準強度のコンクリートを用い，同一条件での標準養生を行った場合であっても，必ずしも同一の強度を示すわけでなく，多くの場合ばらつきを生じる．このばらつきは，図 3.2 に示すように製造時の品質管理の良否に大きくかかわりがある．図 3.2 において，A 社および B 社の 2 つのレディーミクストコンクリート工場があり，両社の強度試験結果は，正規分布していると仮定する．この場合，同じ設計基準強度のコンクリートを得るためには，品質管理の良い A 社に比べて，品質管理が A 社より良くなく，ばらつきの大きい B 社のほうが配合強度は大きくなることとなる．したがって，配合強度は前述したようなばらつきを想定した上で，得られた強度のほとんどが設

3.2 コンクリートの材料特性

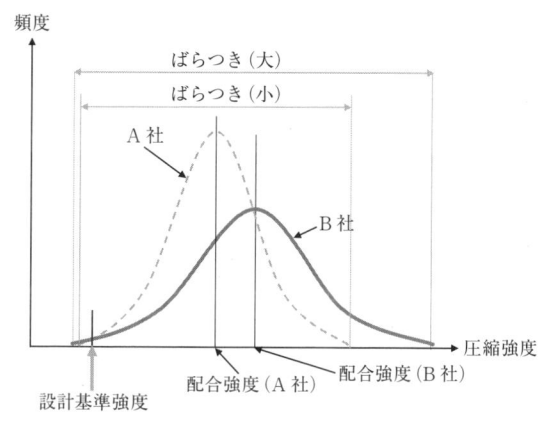

図3.2 強度特性

計基準強度を上回る値として設定される必要がある．

コンクリートの設計基準強度は，実際に適用するコンクリート強度のばらつきを考慮して以下に示す式から求めることができる．

$$f_{ck}' = f_c' - k\sigma = f_c'(1 - k\delta/100) \tag{3.1}$$

ここで，f_{ck}'：コンクリートの設計基準強度（N/mm^2），f_c'：コンクリートの配合強度（N/mm^2），k：試験値が設計基準強度を下回る確率が5％以下となるように定めた場合の係数であり，正規分布の場合には1.645となる．σ：試験値の標準偏差（N/mm^2），δ：試験値の変動係数（％）．

コンクリート強度の特性値（ここでは設計基準強度を指す）を定める材齢は，前述したように原則として材齢28日としている．ただし，使用目的や荷重作用時期などによっては必ずしも材齢28日が適切でない場合がある．たとえば，LNGタンク底版や長大橋梁のアバットなどのマスコンクリート構造物では，コンクリート打込み後，供用開始時期（設計荷重が作用する時期）までに長い場合には数年経過している場合がある．また，このようなマスコンクリート構造物の場合，セメントの水和熱に起因する温度応力によるひび割れを制御するために，水和速度が遅いセメントや水和発熱の少ないセメントを用いる場合が多く，これらのセメントは若材齢時での強度発現が小さいことから，設計基準強度を材齢28日で定めた場合には，強度確保のために水セメント比を小さくすることによって，単位セメント量が増加し，温度応力によるひび割れ抑制効果が発揮されない場合も生じてくる．一方，プレストレストコンクリート構造物の場合，構造物

の種類や施工方法によっては若材齢でプレストレスを導入する必要がある．以上の点から，設計基準強度は使用目的や構造物の種類によって適切な材齢での試験値から定める必要がある．

コンクリートの圧縮強度以外の各種強度は，前述したように圧縮強度と比較的高い相関関係があり，圧縮強度を用いて概略推定することが可能であり，以下に示すような圧縮強度を用いた式で与えられている．

$$引張強度：f_{tk}=0.23 f_{ck}'^{2/3} \quad (\text{N/mm}^2) \tag{3.2}$$

$$付着強度：f_{bok}=0.28 f_{ck}'^{2/3} \quad (\text{N/mm}^2) \tag{3.3}$$

ただし，式（3.3）は $f_{bok} \leq 4.2\,\text{N/mm}^2$ であり，JIS G 3112 の規定を満足する異形鉄筋の場合とする．また，普通丸鋼の場合は，異形鉄筋の場合の 40 % とし，鉄筋端部に半円形フックを付けるものとする．

$$支圧強度：f_{ak}'=\eta \cdot f_{ck}' \quad (\text{N/mm}^2) \tag{3.4}$$

ここで，$\eta=\sqrt{A/A_a} \leq 2$，A：コンクリート面の支圧分布面積，A_a：支圧を受ける面積．

$$曲げひび割れ強度：f_{bck}=k_{0b} \cdot k_{1b} \cdot f_{tk} \quad (\text{N/mm}^2) \tag{3.5}$$

ここで，

$$k_{0b}=1+\frac{1}{0.85+4.5(h/l_{ch})} \tag{3.6}$$

$$k_{1b}=\frac{0.55}{\sqrt[4]{h}} \quad (\geq 0.4) \tag{3.7}$$

k_{0b}：コンクリートの引張軟化特性に起因する引張強度と曲げ強度の関係を表す係数，k_{1b}：乾燥，水和熱など，その他の原因によるひび割れ強度の低下を表す係数，h：部材の高さ（m）（>0.2），l_{ch}：特性長さ（m）（$=G_F E_c/f_{tk}^2$，E_c：ヤング係数，G_F：破壊エネルギー，f_{tk}：引張強度の特性値），ただしこの場合の破壊エネルギーおよびヤング係数は，後述する引張軟化特性および圧縮強度から定まるヤング係数に準拠して求めるものとする．

$$G_F=10(d_{\max})^{1/3} \cdot f_{ck}'^{1/3} \quad (\text{N/m})$$

ここに，$d_{\max}$：粗骨材の最大寸法（mm），f_{ck}'：圧縮強度の特性値（設計基準強度）（N/mm^2）．

ひび割れ発生とひび割れ進展が支配的な部材の場合，ひび割れが生じていない弾性領域とひび割れが生じている部分との間の領域（破壊進行領域）では，図3.3に示すようにひび割れ幅の増加に伴い，引張応力が減少する．このような現

3.2 コンクリートの材料特性

象を引張軟化といい，図3.3で示したような引張軟化をモデル化した曲線を引張軟化曲線という．ひび割れが生じるのに必要なエネルギー（破壊エネルギー）は，図3.3で示した引張軟化曲線で囲まれた面積に等しいことから，曲げひび割れ強度はこの引張軟化特性を組み入れた式で算定しているのである．

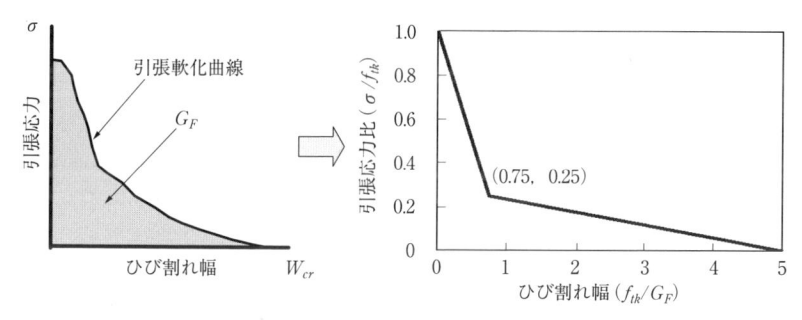

図3.3 引張軟化特性[5]

コンクリートの引張強度に関しては，コンクリートの設計基準強度が80 N/mm² 以下であれば式（3.2）を適用することが可能であるが，設計基準強度が100 N/mm² を超える場合や繊維補強コンクリートなどのように普通コンクリートとは異なった力学的な挙動を示すコンクリートの場合には，適用できない場合がある．

コンクリートの圧縮，曲げ圧縮，引張りおよび曲げ引張りに対する疲労強度 f_{rd} は次式で与えられる．

$$f_{rd} = k_{1f} f_d \left(1 - \frac{\sigma_p}{f_d}\right)\left(1 - \frac{\log N}{K}\right) \quad (3.8)$$

ここで，k_{1f}：圧縮および曲げ圧縮の場合0.85，引張りおよび曲げ引張りの場合1.0，f_d：コンクリートのおのおのの設計強度（特性値を材料係数1.3で除した値），ただし，$f_{ck}' = 50$ N/mm² に対する各設計強度を上限とする．σ_p：永久荷重によるコンクリートの応力度，交番荷重を受ける場合0とする．N：疲労寿命，ただし，$N \leq 2 \times 10^6$，K：普通コンクリートで継続してあるいはしばしば水で飽和される場合および軽量骨材コンクリートの場合10，その他一般の場合17とする．

式（3.8）において，引張応力および曲げ引張応力を受ける場合の疲労強度は，

圧縮応力を受ける場合に比べてばらつきが大きい場合があるので，適用に際しては十分注意する必要がある．また，コンクリートの水中疲労強度は，気中に比べて小さいことも留意する必要がある．コンクリートにおける200万回疲労強度は，静的強度の55～65％程度といわれている．

3.2.2 コンクリートの変形特性

コンクリートは，図3.4に示すように弾性体ではないことから，応力とひずみの関係は非線形となる．一方，コンクリートの構成要素ごとでみた場合，セメントペーストおよび粗骨材の応力とひずみの関係は，図3.5に示すように最大応力に達するまでほぼ線形関係にあるが，モルタルおよびコンクリートのように骨

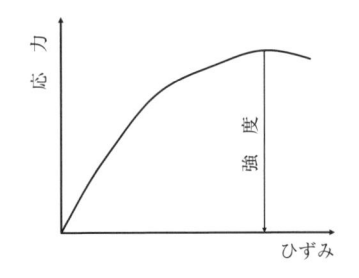

図3.4 応力とひずみとの関係

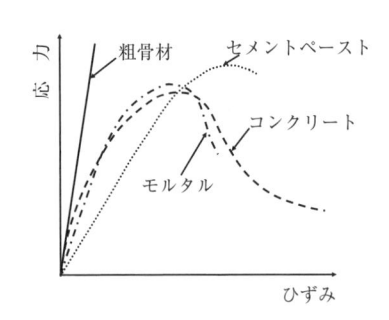

図3.5 各材料での応力－ひずみ関係

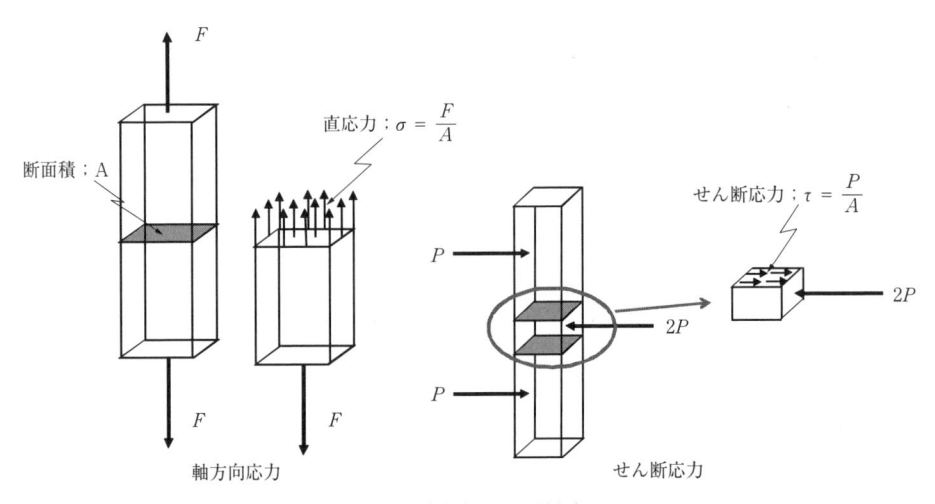

図3.6 直応力とせん断応力

材とセメントペーストを組み合わせて用いた場合には，非線形関係となる．この理由としては，コンクリート内部，特にセメントペーストと骨材の界面に生じるひび割れや剥離が考えられる．一方，モルタルおよびコンクリートとも比較的応力が小さい領域では，ほぼ弾性体（応力とひずみが線形関係にある）とみなすことができる．この場合，部材に鉛直荷重 F が作用すると，図3.6に示すように内部に直応力 σ（構造物に外からの力（橋の場合であれば，人や車や電車，風，地震など）である荷重が作用した部分には，構造物内（部材内）に内力が生じ，その内力の大きさを単位面積 A で除したのが応力である）が発生し，その大きさに応じてひずみ ε（外力が働く方向に構造物が伸びたり縮んだりする量 ΔL を元の長さ L で割ったもの）が生じる．このとき応力とひずみが比例関係にあるとすると，式（3.9）に示すようにフックの法則が成り立つこととなる．ここで，E はヤング係数（Young's modulus）である．一方，せん断方向に荷重 P が生じた場合，図3.7に示すように弾性変形すると仮定すると，式（3.10）に示す関係が成り立つ．ここで，τ はせん断応力，G はせん断ヤング係数，γ はせん断方向のひずみである．

$$軸方向応力（軸力）：\sigma = \frac{F}{A} = \varepsilon E \tag{3.9}$$

$$直角方向応力（せん断力）：\tau = \frac{P}{A} = \gamma G \tag{3.10}$$

ここで，$\varepsilon = \Delta L / L$，$\gamma = \Delta H / H$．

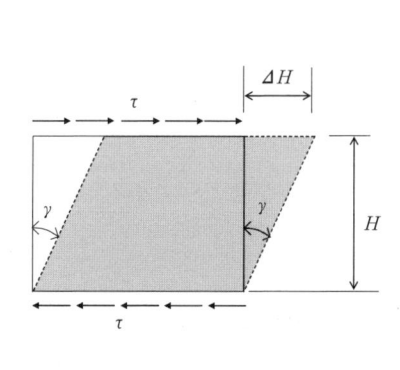

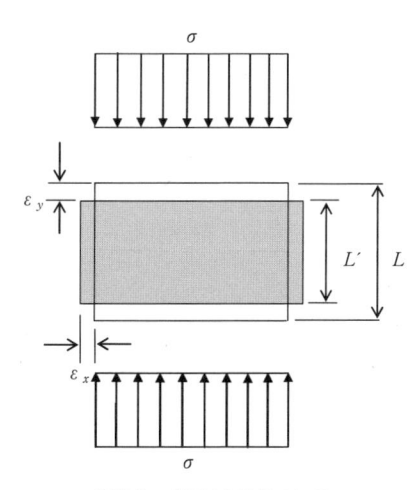

図3.7　せん断変形　　　　　図3.8　ポアソン比について

物体に軸方向の荷重を加えた場合，図3.8に示すように荷重作用方向にひずみ ε_y が生じるとともに，荷重直角方向にもひずみ ε_x が生じる．これらのひずみの絶対値の比をポアソン数 $m(\varepsilon_y/\varepsilon_x)$ またはポアソン比 $\nu(\varepsilon_x/\varepsilon_y)$ とよんでいる．コンクリートの圧縮時のポアソン比は使用材料，配合などによって異なり，一般には1/5〜1/7程度といわれている．設計においては，一般に弾性範囲内で0.2を用いてよいとされている．ただし，引張りを受け，ひび割れを許容する場合には0を用いることとしている．

せん断ヤング係数は，ヤング係数と式（3.11）に示す関係がある．

$$G = \frac{E}{2(1+\nu)} \qquad (3.11)$$

コンクリートの場合，設計では $\nu=0.2$ であることから，せん断ヤング係数 G は $0.42E$ となる．

コンクリートは，前述したように弾性体ではないことから，応力とひずみとの関係は，非線形となる．したがって，曲げモーメントや曲げモーメントと軸力を受ける部材の耐力を算定する場合，コンクリートの応力とひずみとの関係式が必要となる．一般には，図3.9に示すような応力-ひずみ曲線が用いられている．コンクリートの圧縮ひずみ ε_c' が0.002以下の場合には，式（3.12）に示すような2次式となり，ひずみが0.002を超えると応力は一定（塑性変形）としたモデル式となる．

$$0 \leq \varepsilon_c' \leq 0.002$$

$$\sigma_c' = k_1 f_{cd}' \times \frac{\varepsilon_c'}{0.002} \times \left(2 - \frac{\varepsilon_c'}{0.002}\right) \qquad (3.12)$$

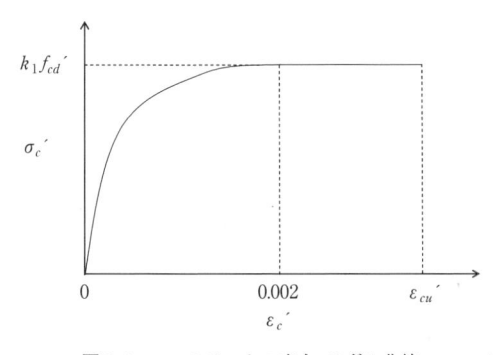

図3.9 コンクリートの応力-ひずみ曲線

3.2 コンクリートの材料特性

$$0.002 \leq \varepsilon_c' \leq \varepsilon_{cu}'$$
$$\sigma_c' = k_1 f'_{cd} \tag{3.13}$$

ここで，$k_1 = 1 - 0.003 f_{ck}'$，$k_1 \leq 0.85$，

$$\varepsilon_{cu}' = \frac{155 - f_{ck}'}{30000}, \quad 0.0025 \leq \varepsilon_{cu}' \leq 0.0035$$

式 (3.12) および式 (3.13) は，曲げおよび軸力を受ける場合の終局耐力算定のためのモデルであり，耐震性を評価する場合には，部材の曲げ変形性能を考慮する必要がある．したがって，最大応力点を超えた軟化領域を考慮した応力-ひずみ曲線でモデル化する必要がある．また，多軸応力下では式 (3.12) および式 (3.13) で示したような応力-ひずみ曲線とはならないことにも適用に際して留意する必要がある．

コンクリートのヤング係数は，通常鉄筋コンクリートの設計において静的破壊強度の1/3の応力点と原点とを結んだ直線の勾配で表される割線弾性係数が用いられる．表3.1にコンクリートの種別および強度ごとのヤング係数を示す．

表3.1 コンクリートのヤング係数[1]

f_{ck}' (N/mm^2)		18	24	30	40	50	60	70	80
E_c (kN/mm^2)	普通コンクリート	22	25	28	31	33	35	37	38
	軽量骨材コンクリート	13	15	16	19	−	−	−	−

3.2.3 コンクリートの熱特性

コンクリートの熱特性には，比熱，熱伝導率，熱膨張係数がある．これらの熱特性値は，コンクリート構造物の設計に際して，一定であるとして取り扱っている．しかしながら，コンクリート中の骨材量，骨材の種類，含水率によってそれらは変化し，厳密に考えればコンクリートの部位ごとに変化しているといえる．

コンクリートの熱伝導は，物体中を流れる熱の速度を表す値であり，1℃/mの温度勾配を持つ断面積 1m^2 の物体を1時間に通過する熱量で表されている．コンクリートの熱伝導率は，骨材の種類，骨材量，水セメント比の影響（セメントペースト量の影響），コンクリートの含水状態などの影響を受ける．熱伝導率の変化は，図3.10に示すようにコンクリート中の骨材量を変化させた場合，使用した砕石および川砂利とも骨材量の増加に伴い，熱伝導率が増加しており，セメントペースト（骨材量0の場合）と一般的なコンクリートの骨材量0.7と比較

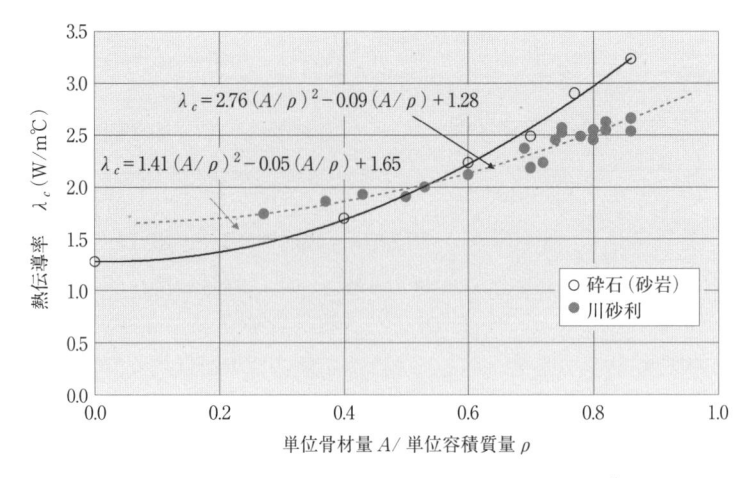

図3.10 コンクリート中の骨材量と熱伝導率との関係[6]

した場合約 1 W/m℃ 程度異なることがわかる．ただし，通常はこれらの影響が小さいとして，2.6～2.8 W/m℃ を用いている．

　コンクリートの比熱は，1gの物質の温度を1℃上昇させるのに必要な熱量である．比熱自体を直接測定することは比較的難しいことから，コンクリートの密度から以下に示す式で間接的に推定することができるとしている．

$$c = 3.03 \times 10^3 / \rho \tag{3.14}$$

　ここで，c：比熱（kJ/kg℃），ρ：密度（kg/m^3）．

　各種骨材によるコンクリートの熱特性値を測定した事例から，熱伝導率に比べて比熱のほうが骨材の種類による変化が小さいといわれている．比熱の場合もコンクリート中の含水状態によって変化するものと思われるが，その影響に関する報告は現状ではほとんどない．普通コンクリートの場合には 1.05～1.26 kJ/kg℃ を用いている．

　熱膨張係数は，温度変化に伴う体積変化の割合を示すものであり，コンクリートの温度変化とそれに伴う膨張・収縮を結びつけるインターフェースの役割といえる．このことは，コンクリートの温度変化をいくら高精度で予測しても，熱膨張係数が実際よりも小さい値を用いれば，発生応力を過小に評価し，危険側の判断をすることとなる．

　熱膨張係数は，図3.11 に示すように水中養生と気中養生で異なり，気中養生のほうが水中養生よりも大きくなる傾向にある．つまり，コンクリートの熱膨張

3.2 コンクリートの材料特性

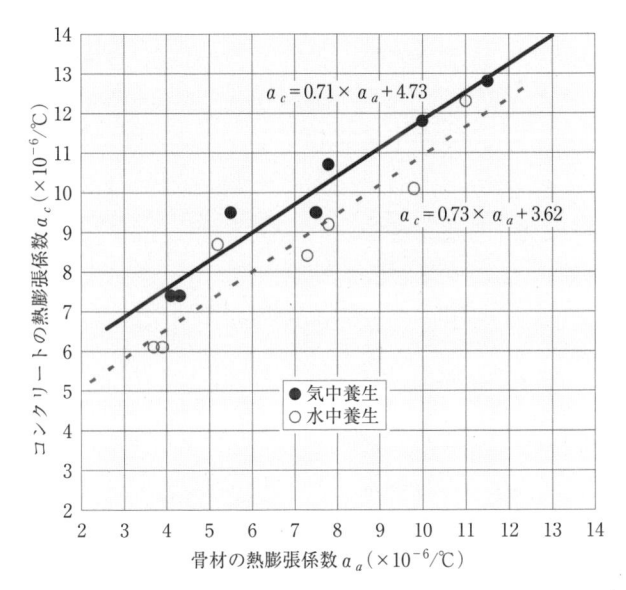

図3.11 骨材の熱膨張係数とコンクリートの熱膨張係数との関係[7]

係数は，コンクリートが乾燥するほど大きくなる傾向にあるといえる．また，図3.12に示すように使用する骨材によって熱膨張係数が異なってくる．ただし，コンクリート構造物の設計に際しては，使用する骨材などが明確でない場合が多いことから，一般に $10 \times 10^{-6}/℃$ を用いている．

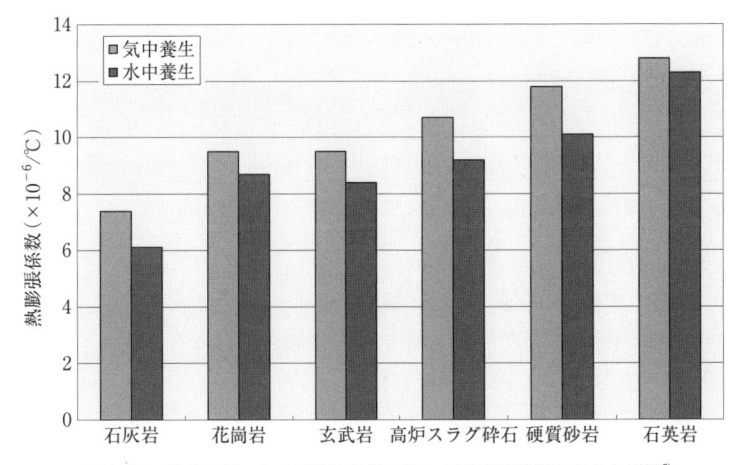

図3.12 骨材の違いおよび養生条件の違いが熱膨張係数に与える影響[7]

3.2.4 コンクリートの収縮特性

コンクリートの体積変化に伴う収縮としては，自己収縮，乾燥収縮，温度変化に伴う収縮などがある．コンクリートの収縮に及ぼす要因としては，構造物の形状・寸法，構造物周囲の温度条件や湿度条件などの環境条件，使用材料，配合，施工条件など非常に多岐にわたる．

土木学会示方書[1]では，普通強度のコンクリートに対して，自己収縮および乾燥収縮の両方を考慮した以下の式が示されている．

$$\varepsilon_{cs}'(t, t_0) = [1 - \exp(-0.108(t-t_0)^{0.56})] \cdot \varepsilon_{sh}' \quad (3.15)$$

ここに，$\varepsilon_{sh}' = -50 + 78[1-\exp(RH/100)] + 38\log_e W - 5\left[\log_e\left(\dfrac{V/S}{10}\right)\right]^2$，$\varepsilon_{sh}'$：収縮ひずみの最終値（$\times 10^{-6}$），$\varepsilon_{cs}'(t, t_0)$：コンクリートの材齢 t_0 から t までの収縮ひずみ（$\times 10^{-6}$），RH：相対湿度（%）（$45\% \leq RH \leq 80\%$），W：単位水量（kg/m³）（130 kg/m³ $\leq W \leq$ 230 kg/m³），V：体積（mm³），S：面積（mm²），V/S：体積表面積比（mm）（25mm $\leq V/S \leq$ 300mm），t_0 および t：乾燥開始および乾燥中のコンクリートの有効材齢（日）t_0 および $t = \sum\limits_{i=1}^{n} \Delta t_i \cdot \exp\left[13.65 - \dfrac{4000}{273+T(\Delta t_i)/T_0}\right]$，$\Delta t_i$：温度が T（℃）である期間の日数，T_0：1℃．

上記の式は，20℃の温度条件から算定されたものであり，高温や低温に常時さらされる場合には，適用できない場合がある．また，式（3.15）は 70N/mm² までの高強度コンクリートまでは適用可能であるが，それを超えるような高強度コンクリートの場合には，自己収縮ひずみと乾燥収縮ひずみをそれぞれ足し合わせた式とする必要があるといわれている．

収縮ひずみの予測式としては，土木学会示方書で示されている式（3.15）の他に，Bazant 式[8]，ACI-209 委員会から提案されている式[9]，CEB/FIP Model Code（1990年版）[10] などがある．

3.2.5 コンクリートのクリープ特性

クリープとは，持続荷重が作用するとき，時間経過とともにひずみが増大する現象のことである．クリープは，構造物周辺の湿度，部材断面の形状寸法，コンクリートの配合，応力作用開始材齢などが影響する．クリープひずみの式としては一般に以下の式が提案されている．

3.2 コンクリートの材料特性

$$\varepsilon_{cr}(t,\tau) = \phi(t,\tau)\sigma(\tau) \quad (3.16)$$

ここで，$\varepsilon_{cr}(t,\tau)$：材齢τで持続荷重により載荷されたときの材齢tのクリープひずみ，$\phi(t,\tau)$：クリープ関数，$\sigma(\tau)=1$が作用した場合の経過時間tにおけるクリープひずみ．

作用応力が変化する場合には，図3.13に示すように応力履歴を，異なる載荷時間t_iを有する一定応力$d\sigma(t_i)$の集合によって構成されていると考え，それぞれの一定応力$d\sigma(t_i)$下で生じたクリープひずみの総和としている．

$$\varepsilon_{cr}(t) = \sum \phi(t,t_i) d\sigma(t_i) \quad (3.17)$$

一般に，クリープひずみは式（3.18）で与えられる．

$$\varepsilon_{cr}(t) = \int_0^t \phi(t,\tau) d\sigma(\tau) \quad (3.18)$$

クリープ関数としてはいろいろな形のものが提案されているが，土木学会示方書[1]では以下の式が示されている．

$$\varepsilon_{cc}'(t, t_0, t_s) = [1 - \exp\{-0.09(t-t_0)^{0.6}\}]\varepsilon_{cr}' \quad (3.19)$$

$$\varepsilon_{cr}' = \varepsilon_{bc}' + \varepsilon_{dc}' \quad (3.20)$$

$$\varepsilon_{bc}' = 15(C+W)^{2.0}(W/C)^{2.4}(\ln t_0)^{-0.67} \quad (3.21)$$

$$\varepsilon_{bc}' = 4500(C+W)^{1.4}(W/C)^{4.2}(\log(V/S)/10)^{-2.2}(1-RH/100)^{0.36}t_s^{-0.30} \quad (3.22)$$

ここで，ε_{cr}', ε_{bc}', ε_{dc}'：それぞれ単位応力あたりのクリープひずみの最終値，

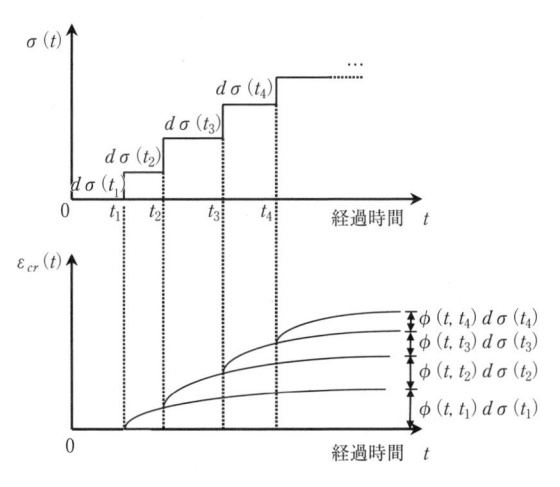

図3.13 作用応力が変化する場合のクリープひずみの経時変化[11]

基本クリープの最終値および乾燥クリープの最終値($\times 10^{-10}$)/(N/mm^2)，C：単位セメント量（kg/m^3）（260 kg/m$^3\leq C\leq 500$ kg/m^3），W：単位水量（kg/m^3）（130 kg/m$^3\leq W\leq 230$ kg/m^3），W/C：水セメント比（％）（40 %$\leq W/C\leq 65$ %），RH：相対湿度（％）（45 %$\leq RH\leq 80$ %），V：体積（mm^3），S：表面積（mm^2）（100 mm$\leq V/S\leq 300$ mm），t, t_0, t_s：載荷中，載荷時および乾燥開始時のコンクリートの有効材齢 t_0, t, $t_s=\sum_{i=1}^{n}\Delta t_i\cdot \exp\left[13.65-\dfrac{4000}{273+T(\Delta t_i)/T_0}\right]$，$\Delta t_i$：温度が T（℃）である期間の日数，T_0：1℃．

3.3 鋼材の材料特性

コンクリートは引張強度が小さいことから，これを構造部材として使用する場合，荷重作用により引張応力が生じる部位には補強が必要である．コンクリート用補強鋼材としては，鉄筋，PC鋼材，鉄骨があり，その他溶接金網，鉄筋格子，鋼繊維などがある．

3.3.1 鋼の物理的特性

炭素量が0.2％程度の鋼材（鋼）の物理的特性を以下に示す．
　密度：7860（kg/m^3）
　熱膨張係数：12.2 × 10^{-6}/℃
　比熱：0.47（kJ/kg℃）
　熱伝導率：51.9（W/m℃）
　ヤング係数：200（kN/mm^2）
　ポアソン比：0.3

3.3.2 鋼材の種類と機械的特性

コンクリート構造物に適用される補強材としての鋼材の多くは，鉄筋コンクリート用棒鋼とよばれるものである．鉄筋コンクリート用棒鋼には，丸鋼（SR：steel round）と異形棒鋼（SD：steel deformed）の2種類があり，ほとんどのコンクリート構造物には異形棒鋼が用いられている．

異形鉄筋（異形棒鋼）は，**図3.14** に示すように，コンクリートと鉄筋の付着

3.3 鋼材の材料特性

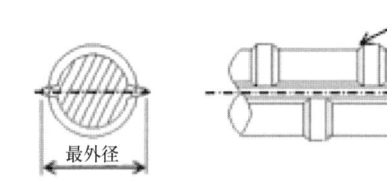

図 3.14 異形棒鋼

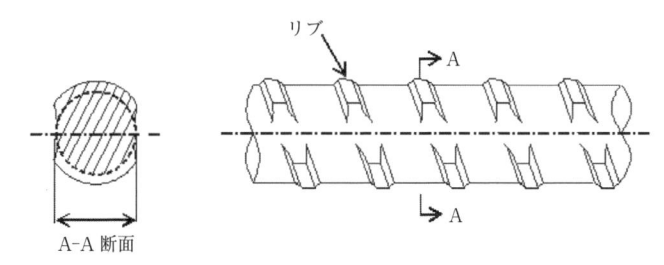

図 3.15 ネジ節鉄筋

を高める目的で，鉄筋の表面を凸凹の形状としたものである．また，図 3.15 に示す鉄筋は総ネジ PC 鋼棒とよばれているもので熱間圧延時に，鋼棒全長にわたってねじ状のリブを成形したものである．鉄筋は，通常鉄筋径と表 3.2 に示す降伏強度の規格値で区分されている．表 3.2 に JIS G 3112 に規格として定められている鉄筋種類を示す．

表 3.2 鉄筋の機械的性質（JIS G 3112 からの抜粋）

種類の記号		降伏点または 0.2 % 耐力 (N/mm^2)	引張強さ (N/mm^2)
丸鋼	SR235	235 以上	380〜520
	SR295	295 以上	440〜600
異形棒鋼	SD295A	295 以上	440〜600
	SD295B	295〜390	440 以上
	SD345	345〜440	490 以上
	SD390	390〜510	560 以上
	SD490	490〜625	620 以上

3.3.3 鉄筋の応力-ひずみ関係

通常，鉄筋コンクリートに用いられる鉄筋は，熱間圧延加工された丸鋼あるいは表面にリブや節（ふし）とよばれる突起の付いた異形棒鋼がほとんどである．鉄筋（熱間圧延材）の応力とひずみの関係を図 3.16 に示す．図 3.16 において，弾性限界 E は鋼材に引張力を加えて伸びを生じさせた後に除荷したとき，元の長さに戻る応力範囲の限界点であり，上降伏点 Y_u は鋼材が降伏し始める以前の最大荷重を原断面積（異形棒鋼の場合には公称断面積）で除した値であり，単に降伏点という場合がある．下降伏点 Y_l は，上降伏点 Y_u を過ぎた後のほぼ一定の状態における荷重を原断面積で除した値である．鉄筋の応力とひずみの関係は，図 3.16 に示すように降伏するまでは弾性的に挙動し，それ以降は複雑な挙動を示すことから，設計に用いる場合には，図 3.17 に示すように簡便化した応力-ひずみ曲線（実際には 2 つの線形関係で示したバイリニア）として用いる．

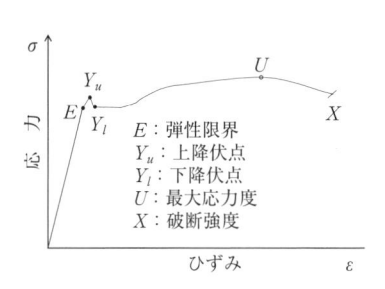

図 3.16 鉄筋の応力とひずみとの関係 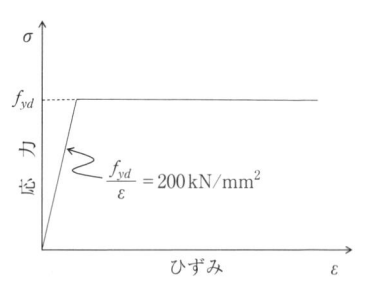　　　図 3.17 鉄筋の応力-ひずみ曲線

E：弾性限界
Y_u：上降伏点
Y_l：下降伏点
U：最大応力度
X：破断強度

$$\frac{f_{yd}}{\varepsilon} = 200\,\mathrm{kN/mm^2}$$

表 3.3　異形鉄筋の寸法（JIS G 3112 からの抜粋）

呼び名	公称直径 d (mm)	公称周長 l (mm)	公称断面積 S (mm²)	単位質量 (kg/m)
D6	6.35	20	31.67	0.249
D10	9.53	30	71.33	0.560
D13	12.7	40	126.7	0.995
D16	15.9	50	198.6	1.56
D19	19.1	60	286.5	2.25
D22	22.2	70	387.1	3.04
D25	25.4	80	506.7	3.98
D29	28.6	90	642.4	5.04
D32	31.8	100	794.2	6.23
D35	34.9	110	956.6	7.51
D38	38.1	120	1140	8.95
D41	41.3	130	1340	10.5
D51	50.8	160	2027	15.9

3.3.4 異形鉄筋の寸法特性

異形鉄筋（異形棒鋼）の場合，径は表3.3に示すような呼び名のものが生産されており，おのおのの公称直径，公称周長，公称断面および単位長さあたりの質量はこの表に示されている数値を用いることとなる．長さは，運搬を考慮して3.5 m から 0.5 m ピッチで 7.0 m までと，以降 1.0 m ピッチで 12 m まで市販されている．製造上は連続的に行っているので，長さの制限はなく，25 m の D51 が採用されたこともある．

第3章の演習問題

[演習問題 3.1]
(1) 長さ 1m の異形鉄筋 D35，SD345 に引張荷重を与えて降伏させた．このときの鉄筋の応力とひずみを求めよ．また，降伏時の荷重と伸び量を求めよ．
(2) 長さが 1m と 2m の 2 本の鉄筋（D19，SD295B）に引張荷重を与え，伸び量を $\delta = 0.5$ mm とするための引張荷重とそのとき発生する応力を計算せよ．
(3) 断面が 20 cm × 20 cm，長さ 100 cm の無筋コンクリート柱に，500 kN の圧縮力が作用したときの軸応力と変形量（縮み量）を求めよ．ただし，コンクリートのヤング係数を 30 kN/mm^2 とする．

[演習問題 3.2]
コンクリートの断面積が 45000 mm^2，軸方向鉄筋の断面積が 1000 mm^2 の鉄筋コンクリート柱部材がある．この部材に中心軸圧縮荷重 200 kN を作用させたところ，200×10^{-6} の軸方向ひずみが生じた．この場合のコンクリートの圧縮応力度を求めよ．

[演習問題 3.3]
コンクリートの断面が 400 mm × 400 mm，長さ 2000 mm，軸方向鉄筋として D22 が 8 本配置されているコンクリート柱がある．コンクリートのみの乾燥収縮量は 600 μ（600×10^{-6}），コンクリートのヤング係数を 24 kN/mm^2 としたとき，コンクリートおよび鉄筋の応力とそれぞれの伸び量（縮み量）を求めよ．

4 曲げを受ける部材

　曲げモーメントのみが作用する鉄筋コンクリート部材の断面内における応力分布は，第2章の図2.1に示したとおりであり，その分布形状が荷重（曲げモーメント）の大きさによって異なる．断面内の応力分布を4つの段階に分けて考えると，以下のとおりである．

　第1段階：コンクリートに生ずる応力度は小さく，コンクリートの応力度とひずみはほぼ正比例しフックの法則が成り立つ．このときの応力は圧縮側，引張側ともに中立軸からの距離に比例する．

　第2段階：荷重が大きくなると，コンクリートの引張応力は応力-ひずみ関係の比例限界を超え，荷重がさらに大きくなると引張応力が引張強度を超えて引張側に曲げひび割れが発生する．しかし，圧縮側のコンクリートと鉄筋の引張応力は比例限界に達していなく，おおむねフックの法則が成り立つ．

　第3段階：さらに荷重が大きくなり，引張側コンクリートには中立軸近くまで曲げひび割れが達する．この状態では，まだコンクリートの圧縮応力と鉄筋の応力は近似的にフックの法則が適用できる．

　第4段階：さらに荷重が大きくなると，引張鉄筋が塑性変形を生じて著しく伸びる．また圧縮側のコンクリートに圧縮破壊が生じて，部材は破壊する．

　4.1節に記述する曲げ応力度の算定や，4.2節に記述するひび割れ幅や変形の算定においては，第3段階の応力分布を想定しており，コンクリートおよび鉄筋に対してフックの法則が成り立つ状態を対象としている．一方，4.3節に記述する曲げ耐力の算定においては，第4段階の応力分布を想定しており，フックの法則が成立しなくなる破壊直前の状態を対象としている．

4.1 曲げ応力度

4.1.1 基本仮定

鉄筋および圧縮側のコンクリートは弾性体の範囲にあるとして，つぎの基本仮定に基づいて応力度を計算する．

① 平面保持の仮定から，繊ひずみは断面の中立軸からの距離に比例する（ひずみの適合条件）．

② コンクリートの引張抵抗は無視する（ひび割れの発生の考慮）．

③ コンクリートおよび鉄筋は弾性体とする（使用材料の構成則）．

コンクリートのヤング係数はコンクリートの設計基準強度 f_{ck}' に対する表3.1の値を用い，鉄筋のヤング係数は $E_s=200\,\mathrm{kN/mm^2}$ を用いる．コンクリートと鉄筋のヤング係数の比をヤング係数比 $n=E_s/E_c$ で表す（許容応力度設計法では $n=15$）．また，コンクリートの引張抵抗（引張応力）を無視する理由は，コンクリートの引張強度は圧縮強度に対して1/10程度で小さいことから，曲げひび割れの発生を前提としているためである．

4.1.2 曲げモーメントを受ける部材

曲げモーメントを受ける鉄筋コンクリートはりの断面に生じる応力を模式的に示すと図4.1に示すとおりである．

曲げモーメントが作用する単純ばりを例に説明すると，中立軸の上方には圧縮応力が生じる．一方，中立軸より下はコンクリートに引張応力が生じるが，上記の基本仮定②から引張応力は無視している．これらをもとに，曲げモーメントを受ける部材の応力度の算定はコンクリートの圧縮力と鉄筋の引張力の釣合いを原理・原則としている．

以下の応力度の算定式の導出においては，一般的な長方形断面とT形断面について説明する．

(1) 単鉄筋長方形断面部材

長方形断面の単鉄筋はりの応力分布を図4.2に示す．この図の n-n は中立軸であり，この線上では曲げ応力は生じない．また，上縁から引張鉄筋の重心までの距離 d は有効高さである．基本仮定から中立軸の位置 x を求めると以下のよ

うになる．

　コンクリートの圧縮縁上面のひずみと，引張りを受ける鉄筋のひずみは中立軸からの距離に比例するとして，ひずみの適合条件から，

$$\frac{\varepsilon_c'}{\varepsilon_s}=\frac{\sigma_c'/E_c}{\sigma_s/E_s}=\frac{\sigma_c'\cdot E_s}{E_c\cdot \sigma_s}$$

$n=E_c/E_s$ であるから，

$$\frac{\sigma_c'\cdot E_s}{E_c\cdot \sigma_s}=\frac{\sigma_c'}{\sigma_s/n}$$

よって

$$\frac{\sigma_c'}{\sigma_s}=\frac{x}{n(d-x)} \tag{4.1}$$

ここで，E_c：コンクリートのヤング係数，E_s：鉄筋のヤング係数，ε_c'：圧縮

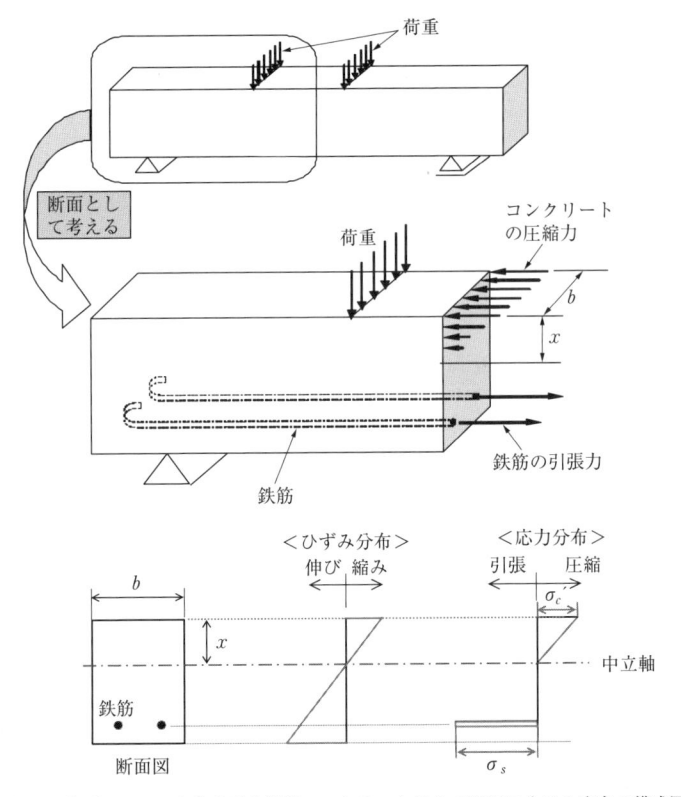

図4.1　曲げモーメントを受ける鉄筋コンクリートはりの断面に生じる応力の模式図

縁でのコンクリートのひずみ，ε_s：鉄筋のひずみ，σ_c'：コンクリート上縁部の圧縮応力，ε_s：鉄筋の引張応力．

さらに，コンクリートに働く圧縮力 C' と鉄筋の引張力 T は $C'=T$ で釣り合っていることから，

$$C'=\frac{x \cdot b \cdot \sigma_c'}{2}, \qquad T=A_s \cdot \sigma_s$$

$C'=T$ より

$$\frac{x \cdot b \cdot \sigma_c'}{2}=A_s \cdot \sigma_s$$

よって

$$\frac{\sigma_c'}{\sigma_s}=\frac{2A_s}{x \cdot b} \tag{4.2}$$

式(4.1) と式(4.2) の右辺が等しいとして x について 2 次方程式を解の公式から解くと，中立軸の位置 x は式(4.3) のようになる．

$$\frac{x}{n(d-x)}=\frac{2A_s}{x \cdot b}$$

$$b \cdot x^2+2A_s \cdot n \cdot x-2A_s \cdot n \cdot d=0$$

$$x=\frac{A_s \cdot n\left\{-1+\sqrt{1+\left(\dfrac{2b \cdot d}{A_s \cdot n}\right)}\right\}}{b} \tag{4.3}$$

さらに，$x=kd$ として式(4.3) を k（中立軸比）についてまとめると，

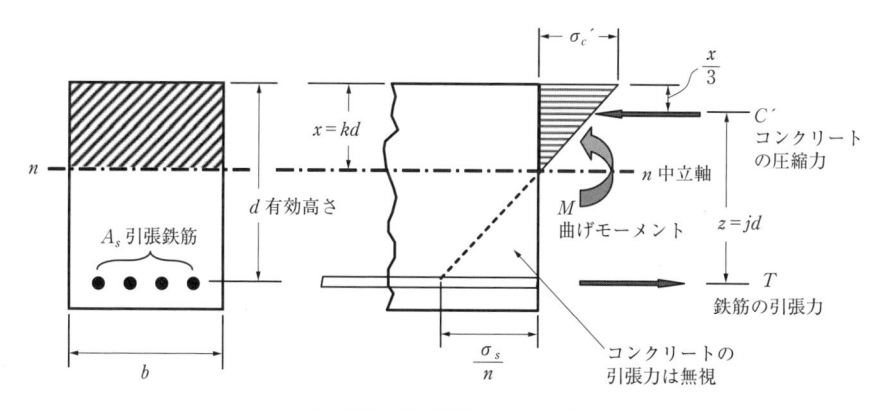

図 4.2　単鉄筋長方形断面はりの応力分布

$$k = \frac{A_s \cdot n \left\{ -1 + \sqrt{1 + \left(\frac{2b \cdot d}{A_s \cdot n}\right)} \right\}}{b \cdot d}$$

ここで $p = \frac{A_s}{b \cdot d}$（鉄筋比）とすると，$k$ は式(4.4)のようになる．

$$k = \sqrt{(p \cdot n)^2 + 2p \cdot n} - p \cdot n \tag{4.4}$$

C' および T による抵抗モーメントと外力による曲げモーメント M は等しいことから，

$$M = C' \cdot z = T \cdot z$$
$$= \left(b \cdot x \frac{\sigma_c'}{2}\right) \cdot \left(d - \frac{x}{3}\right) = A_s \cdot \sigma_s \left(d - \frac{x}{3}\right)$$

ここで z（アーム長）を $z = j \cdot d = d - x/3 = d(1 - k/3)$ として，コンクリートの応力 σ_c' と鉄筋の応力 σ_s を求めると式(4.5)のようになる．なお，k と j については表4.1を用いてもよい．

$$\left. \begin{array}{l} \sigma_c' = \dfrac{2M}{b \cdot x \left(d - \dfrac{x}{3}\right)} = \dfrac{2M}{k \cdot j \cdot b \cdot d^2} = \dfrac{2M}{k\left(1 - \dfrac{k}{3}\right) b \cdot d^2} \\[2ex] \sigma_s = \dfrac{M}{A_s \left(d - \dfrac{x}{3}\right)} = \dfrac{M}{A_s \cdot j \cdot d} = \dfrac{M}{p\left(1 - \dfrac{k}{3}\right) b \cdot d^2} \end{array} \right\} \tag{4.5}$$

なお，通常の鉄筋コンクリート部材では，おおむね $x = \frac{3}{8}d$ $\left(j = \frac{7}{8} \sim \frac{8}{9}\right)$ であるので，近似的には以下のように算定することができる．

$$\sigma_s \fallingdotseq \frac{M}{A_s \frac{7}{8} d}$$

別解として中立軸 x は等価断面1次モーメントを，応力 σ_c'，σ_s は等価断面2次モーメントを用いて求めることができる．鉄筋をコンクリートに等価させるには $n = E_s/E_c$ の関係から A_s を n 倍することで鉄筋とコンクリートを同様に扱うことができる．断面1次モーメントは中立軸に対して0となる．

等価断面1次モーメントから中立軸の位置 x を求めるには，

$$G_c - n \cdot G_s = 0$$

の関係が成り立ち，以下のような2次方程式から前記した式(4.3)が導き出され

4.1 曲げ応力度

表4.1 単鉄筋長方形はりの k, j の値

p	k	j	p	k	j	p	k	j
0.0010	0.159	0.947	0.0072	0.369	0.877	0.0134	0.464	0.845
0.0012	0.173	0.943	0.0074	0.373	0.876	0.0136	0.467	0.845
0.0014	0.185	0.938	0.0076	0.377	0.874	0.0138	0.469	0.844
0.0016	0.196	0.935	0.0078	0.381	0.873	0.0140	0.471	0.843
0.0018	0.207	0.931	0.0080	0.384	0.872	0.0142	0.474	0.842
0.0020	0.217	0.928	0.0082	0.388	0.871	0.0144	0.476	0.841
0.0022	0.226	0.925	0.0084	0.392	0.870	0.0146	0.478	0.841
0.0024	0.235	0.922	0.0086	0.395	0.868	0.0148	0.480	0.840
0.0026	0.243	0.919	0.0088	0.399	0.867	0.0150	0.483	0.839
0.0028	0.251	0.916	0.0090	0.402	0.866	0.0152	0.485	0.838
0.0030	0.258	0.914	0.0092	0.405	0.865	0.0154	0.487	0.838
0.0032	0.266	0.912	0.0094	0.408	0.864	0.0156	0.489	0.837
0.0034	0.272	0.909	0.0096	0.412	0.863	0.0158	0.491	0.836
0.0036	0.279	0.907	0.0098	0.415	0.862	0.0160	0.493	0.836
0.0038	0.285	0.905	0.0100	0.418	0.861	0.0162	0.495	0.835
0.0040	0.292	0.903	0.0102	0.421	0.860	0.0164	0.497	0.834
0.0042	0.298	0.901	0.0104	0.424	0.859	0.0166	0.499	0.834
0.0044	0.303	0.899	0.0106	0.427	0.858	0.0168	0.501	0.833
0.0046	0.309	0.897	0.0108	0.430	0.857	0.0170	0.503	0.832
0.0048	0.314	0.895	0.0110	0.433	0.856	0.0172	0.505	0.832
0.0050	0.320	0.894	0.0112	0.436	0.855	0.0174	0.507	0.831
0.0052	0.325	0.892	0.0114	0.438	0.854	0.0176	0.509	0.830
0.0054	0.330	0.890	0.0116	0.441	0.853	0.0178	0.511	0.830
0.0056	0.334	0.889	0.0118	0.444	0.852	0.0180	0.513	0.829
0.0058	0.339	0.887	0.0120	0.446	0.851	0.0182	0.515	0.828
0.0060	0.344	0.885	0.0122	0.449	0.850	0.0184	0.517	0.828
0.0062	0.348	0.884	0.0124	0.452	0.850	0.0186	0.518	0.827
0.0064	0.353	0.883	0.0126	0.454	0.849	0.0188	0.520	0.827
0.0066	0.357	0.881	0.0128	0.457	0.848	0.0190	0.522	0.826
0.0068	0.361	0.880	0.0130	0.459	0.847	0.0192	0.524	0.825
0.0070	0.365	0.878	0.0132	0.462	0.846	0.0194	0.526	0.825

る.

$$\frac{b \cdot x^2}{2} - n \cdot A_s(d-x) = 0$$

$$b \cdot x^2 + 2A_s \cdot n \cdot x - 2A_s \cdot n \cdot d = 0$$

等価断面2次モーメントは，断面の微小面積とその微小面積から任意の軸までの距離の2乗との積を全断面にわたって総和したものである．これを用いた均等質弾性はりの曲げ応力の一般式は

$$\sigma_c' = \frac{M}{I_i} y$$

で表される．中立軸に対する等価断面2次モーメント I_i を求めると以下のようになる．

$$I_i = I_c + n \cdot I_s$$
$$= \frac{b \cdot x^3}{3} + n \cdot A_s(d-x)^2 = \frac{b \cdot x^3}{3} + \frac{b \cdot x^2}{2}(d-x)$$
$$= \frac{b \cdot x^2}{2}\left(d - \frac{x}{3}\right)$$

よって応力 σ_c', σ_s を求めると以下のように前述の式(4.5)と同じ式が導き出される．

$$\sigma_c' = \frac{M}{I_i}y = \frac{M}{I_i}x = \frac{M \cdot x}{\frac{b \cdot x^2}{2}\left(d - \frac{x}{3}\right)} = \frac{M}{\frac{b \cdot x}{2}\left(d - \frac{x}{3}\right)} = \frac{2M}{b \cdot x\left(d - \frac{x}{3}\right)}$$

$$\sigma_s = n\frac{M}{I_i}(d-x) = n\frac{M \cdot (d-x)}{\frac{b \cdot x^2}{2}\left(d - \frac{x}{3}\right)} = \frac{M}{A_s\left(d - \frac{x}{3}\right)}$$

(2) 複鉄筋長方形断面部材

部材断面の高さが十分に確保できない場合や，荷重の作用位置の変化によって同一断面に正負の曲げモーメントが作用する場合には，圧縮側にも鉄筋を配置した複鉄筋断面が用いられる．図4.3の複鉄筋長方形断面の応力分布から中立軸の位置を求めると，圧縮鉄筋の圧縮力 C_s', コンクリートの圧縮力 C', 引張鉄筋の引張力 T は以下のように示される．

$$C_s' = \sigma_s' \cdot A_s = \frac{A_s' \cdot n \cdot \sigma_c' \cdot (x - d')}{x}, \qquad C' = \frac{1}{2}\sigma_c' \cdot b \cdot x$$

$$T = \sigma_s \cdot A_s = \frac{A_s \cdot n \cdot \sigma_c' \cdot (d - x)}{x}$$

力の釣合いから，

$$C' + C_s' = T$$

$$\frac{\sigma_c' \cdot b \cdot x}{2} + \frac{A_s' \cdot n \cdot \sigma_c' \cdot (x - d')}{x} = \frac{A_s \cdot n \cdot \sigma_c' \cdot (d - x)}{x}$$

$$\frac{1}{2}b \cdot x^2 + n(A_s + A_s')x - n(A_s \cdot d + A_s' \cdot d') = 0$$

上記の2次方程式を x について解の公式から解くと式(4.6)のように中立軸の位置 x が求められる．

4.1 曲げ応力度

$$x=\frac{-n\cdot(A_s'+A_s)+\sqrt{n^2\cdot(A_s'+A_s)^2+4\cdot b/2\cdot n\cdot A_s(d'-d)}}{2\cdot b/2}$$

$$=\frac{-n\cdot(A_s'+A_s)}{b}+\sqrt{\left(\frac{n\cdot(A_s'+A_s)}{b}\right)^2+\frac{2n\cdot(A_s'\cdot d'+A_s\cdot d)}{b}} \quad (4.6)$$

また，$x=kd$ の関係から，p と p' を以下のようにすると，中立軸比 k は式 (4.7) のようになる．

$$p=\frac{A_s}{b\cdot d}, \quad p'=\frac{A_s'}{b\cdot d} \quad \text{として,}$$

$$k=\frac{x}{d}=-n(p+p')+\sqrt{n^2\cdot(p+p')^2+2n\left\{p+p'\left(\frac{d'}{d}\right)\right\}} \quad (4.7)$$

内力による抵抗モーメントは外力による曲げモーメントに等しくなり，引張鉄筋の図心におけるモーメントの釣合いを考えると，

$$M=C'\left(d-\frac{x}{3}\right)+C_s'(d-d')$$

$$=\frac{1}{2}\sigma_c'\cdot b\cdot x\left(d-\frac{x}{3}\right)+\sigma_s'\cdot A_s(d-d')$$

$$=\sigma'_c\left\{\left(\frac{b\cdot x}{2}\right)\cdot\left(d-\frac{x}{3}\right)+\frac{n\cdot A_s'(x-d')\cdot(d-d')}{x}\right\}$$

よって，σ_c'，σ_s，σ_s' は以下の式 (4.8) のようになる．

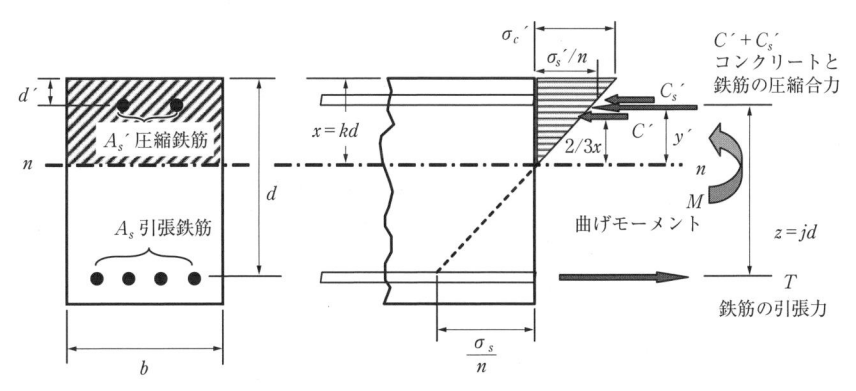

図 4.3 複鉄筋長方形断面はりの応力分布

$$\left.\begin{aligned}
\sigma_c' &= \frac{M}{\left(\frac{b \cdot x}{2}\right) \cdot \left(d - \frac{x}{3}\right) + \frac{n \cdot A_s'(x-d') \cdot (d-d')}{x}} \\
&= \frac{1}{\frac{k}{2} \cdot \left(1 - \frac{k}{3}\right) + \left(\frac{n \cdot p'}{k}\right) \cdot \left(k - \frac{d'}{d}\right) \cdot \left(1 - \frac{d'}{d}\right)} \cdot \frac{M}{b \cdot d^2} \\
\sigma_s &= \frac{n \cdot \sigma_c' \cdot (d-x)}{x} = \frac{n \cdot \sigma_c' \cdot (1-k)}{k} \\
\sigma_s' &= \frac{n \cdot \sigma_c' \cdot (x-d')}{x} = \frac{n \cdot \sigma_c' \cdot \left(k - \frac{d'}{d}\right)}{k}
\end{aligned}\right\} \quad (4.8)$$

また，単鉄筋長方形断面と同様に等価断面1次モーメント，等価断面2次モーメントを用いて求めることができる．

中立軸の位置は等価断面1次モーメントの関係から，xに関する2次方程式が導かれ，解の公式で前述の式(4.6)が求められる．

$$\begin{aligned}
G_i &= G_c' + nG_s' - nG_s = 0 \\
&= \frac{b \cdot x^2}{2} + n \cdot A_s' \cdot (x-d') - n \cdot A_s \cdot (d-x) = 0 \\
&= \frac{b \cdot x^2}{2} + n \cdot (A_s' + A_s)x - n \cdot (A_s' \cdot d' + A_s \cdot d) = 0 \\
x &= \frac{-n \cdot (A_s' + A_s) + \sqrt{n^2 \cdot (A_s' + A_s)^2 + 4 \cdot b/2 \cdot n \cdot A_s(d'-d)}}{2 \cdot b/2} \\
&= \frac{-n \cdot (A_s' + A_s)}{b} + \sqrt{\frac{n^2 \cdot (A_s' + A_s)^2}{b^2} + \frac{2 \cdot b \cdot n \cdot (A_s' \cdot d' + A_s \cdot d)}{b^2}}
\end{aligned}$$

等価断面2次モーメントから応力を求めると式(4.9)のようになる．

$$\begin{aligned}
I_i &= I_c + n \cdot I_s' + n \cdot I_s \\
&= \frac{b \cdot x^3}{3} + n \cdot A_s' \cdot (x-d')^2 + n \cdot A_s \cdot (d-x)^2 \\
&= \frac{b \cdot x^3}{3} + n \cdot A_s' \cdot (x-d')^2 + \frac{b \cdot x^2}{2} \cdot (d-x) + n \cdot A_s' \cdot (x-d')(d-x) \\
&= \frac{b \cdot x^2}{2} \cdot \left(d - \frac{x}{3}\right) + n \cdot A_s' \cdot (x-d')(d-d')
\end{aligned}$$

4.1 曲げ応力度

$$\sigma_c' = \frac{M}{I_i}x$$

$x:(d-x)=\sigma_c':\sigma_s/n$ より

$$\sigma_s = \frac{n}{x}\cdot\sigma_c'\cdot(d-x) \qquad (4.9)$$

$x:(x-d')=\sigma_c':\sigma_s'/n$ より

$$\sigma_s' = \frac{n}{x}\cdot\sigma_c'\cdot(x-d')$$

(3) 単鉄筋 T 形断面部材

図 4.4 に示すように，T 形もしくは T 形に類似している形状で中立軸がウェブを通る場合 ($x>t$) は T 形断面として計算する．また，中立軸がフランジ内 ($x \leqq t$) にあれば長方形断面として応力を計算する．

T 形断面として計算する場合，一般にウェブに作用する圧縮応力は小さいので，ウェブのコンクリートの圧縮抵抗を無視して計算する．ただし，ウェブの幅がフランジ幅に比べて大きい場合は誤差を生ずるのでウェブの圧縮抵抗を考慮して計算する．

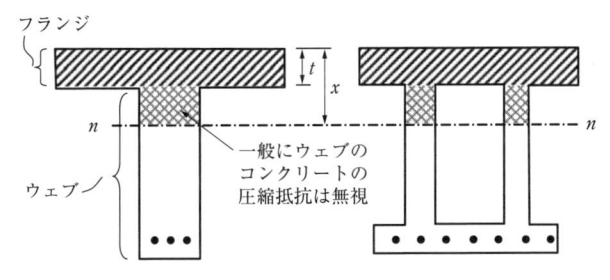

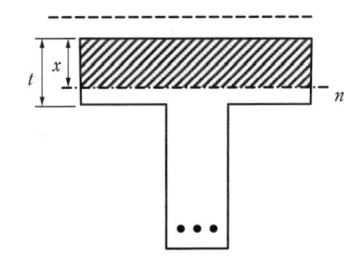

T 形断面として計算する

長方形断面として計算する

図 4.4 T 形断面の計算の原則

① ウェブの圧縮抵抗を無視する場合

ウェブの圧縮抵抗を無視する場合の応力分布は**図 4.5** のようになる．ひずみの適合条件から中立軸 x は式(4.10)のようになる．

$$b \cdot t \frac{t}{2} + n \cdot A_s \cdot d = (b \cdot t + n \cdot A_s)x$$

$$x = k \cdot d = \frac{\dfrac{b \cdot t^2}{2} + n \cdot A_s \cdot d}{b \cdot t + n \cdot A_s} \tag{4.10}$$

フランジ下面の圧縮応力は $\dfrac{(x-t)}{x}\sigma_c'$ となることからコンクリートの圧縮合力 C' の作用位置 y' は台形の図心位置の公式から式(4.11)のようになる．

$$y' = \frac{t}{3} \cdot \frac{\sigma_c + 2\left(\dfrac{(x-t)}{x} \cdot \sigma_c'\right)}{\sigma_c + \left(\dfrac{(x-t)}{x} \cdot \sigma_c'\right)} = \frac{(3x-2t) \cdot t}{3(2x-t)} \tag{4.11}$$

フランジのコンクリートの圧縮合力 C' について鉄筋位置におけるモーメントの釣合いを考えると，σ_c' は式(4.12)で示される．

$$C' = \frac{\sigma_c' + \dfrac{(x-t)}{x} \cdot \sigma_c'}{2} \cdot b \cdot t = \frac{\sigma_c' \cdot b \cdot t\left(x - \dfrac{t}{2}\right)}{x}$$

$$M = C' \cdot z = \frac{\sigma_c' \cdot b \cdot t\left(x - \dfrac{t}{2}\right)}{x} \cdot (d - y')$$

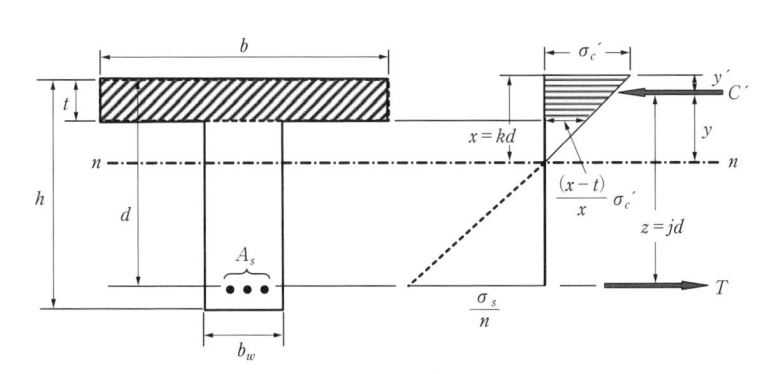

図 4.5 T 形断面はりでウェブの圧縮抵抗を無視する場合の応力分布

$$\sigma'_c = \frac{M \cdot x}{b \cdot t\left(x - \dfrac{t}{2}\right) \cdot (d - y')} \tag{4.12}$$

C' におけるモーメントの釣合いから σ_s は式(4.13) のようになる.

$$M = T \cdot z = A_s \cdot \sigma_s (d - y')$$

$$\sigma_s = \frac{M}{A_s (d - y')} \tag{4.13}$$

また換算断面2次モーメントから σ'_c, σ_s を求めると式(4.14) のようになる.

$$\left. \begin{aligned} I_i &= \frac{b \cdot \{x^3 - (x-t)^3\}}{3} + n \cdot A_s \cdot (d - x) \\ \sigma'_c &= \frac{M}{I_i} x \\ \sigma_s &= n \frac{M}{I_i}(d - x) = \frac{M}{z \cdot A_s} \end{aligned} \right\} \tag{4.14}$$

ここで

$$y = x - \left(\frac{t}{3}\right) \cdot \left(\frac{3x - 2t}{2x - t}\right), \qquad z = j \cdot d = d - \frac{(3x - 2t) \cdot t}{3(2x - t)}$$

さらに近似値を求める場合は, $z \fallingdotseq d - (t/2)$ としてよい.

② ウェブの圧縮抵抗を考慮する場合

ウェブの圧縮抵抗を考慮する場合の応力分布図は図4.6のようになる. 中立軸 x は断面1次モーメントから式(4.15) のようになる.

$$G_c - n \cdot G_s = 0$$

$$\left\{ \frac{b \cdot x^2}{2} - \frac{(b - b_w) \cdot (x - t)^2}{2} \right\} - n \cdot A_s (d - x) = 0$$

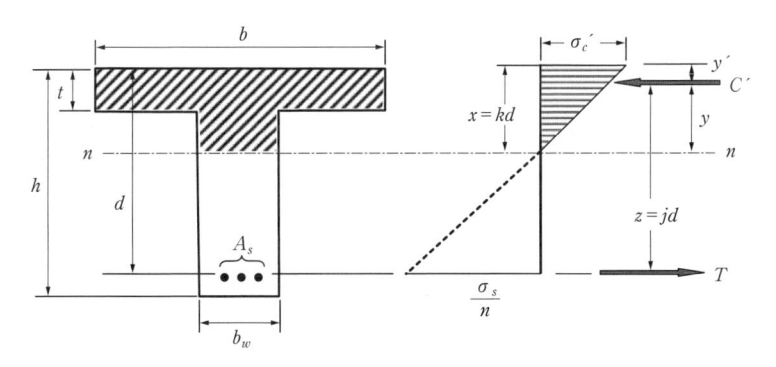

図4.6 T形断面はりでウェブの圧縮抵抗を考慮する場合の応力分布

$$x = \frac{1}{b_w}\left(-((b-b_w)\cdot t + n\cdot A_s) + \sqrt{((b-b_w)\cdot t^2 + 2\cdot n\cdot A_s \cdot d) + ((b-b_w)\cdot t + n\cdot A_s)}\right) \tag{4.15}$$

また換算断面2次モーメントから σ_c', σ_s を求めると式(4.16)のようになる．

$$\left.\begin{aligned} I_i &= I_c + nI_s \\ &= \frac{b\cdot x^3}{3} - \frac{(b-b_w)\cdot(x-t)^3}{3} + n\cdot A_s(d-x)^2 \\ \sigma_c' &= \frac{M}{I_i}x, \qquad \sigma_s = n\frac{M}{I_i}(d-x) = \frac{M}{z\cdot A_s} \end{aligned}\right\} \tag{4.16}$$

ここで，

$$y = \frac{2}{3}\cdot\frac{b\cdot x^3 - (b-b_w)\cdot(x-t)^3}{b\cdot x^2 - (b-b_w)\cdot(x-t)^2}, \qquad z = d - x + y$$

(4) 複鉄筋 T 形断面部材

部材断面の高さが十分に確保できない場合や，フランジ幅が十分とれない場合，荷重の作用位置の変化によって同一断面に正負の曲げモーメントが作用する場合は圧縮部にも鉄筋を配置する．なお，圧縮部にある組み立て鉄筋には応力は生じないとして無視する．

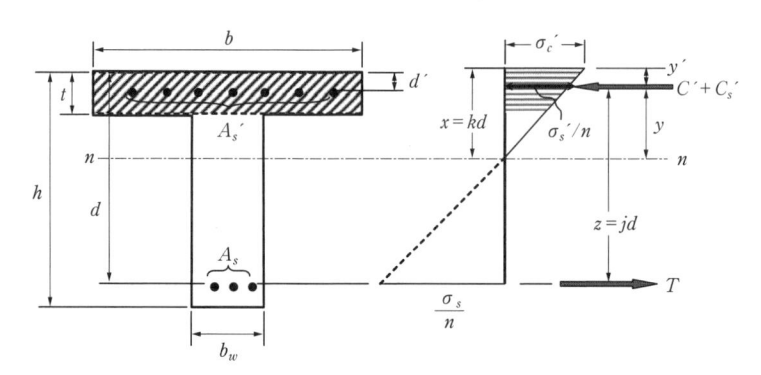

図 4.7 複鉄筋 T 形断面はりでウェブの圧縮抵抗を無視する場合の応力分布

図4.7のように中立軸がウェブ内にある場合で，かつ，ウェブのコンクリートの圧縮抵抗を無視するときの中立軸 x は断面1次モーメントから式(4.17)のようになる．

$$G_i = G_c + nG_s' - nG_s$$

$$= b \cdot t \left(x - \frac{t}{2}\right) + n \cdot A_s' \cdot (x - d') - n \cdot A_s \cdot (d - x) = 0$$

$$x = \frac{\dfrac{b \cdot t^2}{2} + n \cdot (A_s \cdot d + A_s' \cdot d')}{b \cdot t + n \cdot (A_s + A_s')} \tag{4.17}$$

また換算断面2次モーメントから σ_c', σ_s', σ_s を求めると式(4.18) のようになる.

$$\left.\begin{aligned}
I_i &= I_c + nI_s' + nI_s \\
&= \frac{b \cdot (x^3 - (x-t)^3)}{3} + n \cdot A_s' \cdot (x - d')^2 + n \cdot A_s \cdot (d - x)^2 \\
\sigma_c' &= \frac{M}{I_i} x \\
\sigma_s &= n \cdot \frac{M}{I_i} \cdot (d - x) = \frac{M}{z \cdot A_s} \\
\sigma_s' &= n \cdot \sigma_c' \cdot \frac{(x - d')}{x}
\end{aligned}\right\} \tag{4.18}$$

ここで,

$$z = d - x + y$$

$$y = \frac{\dfrac{b \cdot x^3}{3} - \dfrac{b \cdot (x-t)^3}{3} + n \cdot A_s' \cdot (x - d')^2}{\dfrac{b \cdot x^2}{2} - \dfrac{b \cdot (x-t)^2}{2} + n \cdot A_s' \cdot (x - d')}$$

4.2 ひび割れ幅と変形

　コンクリート構造物の設計において要求される性能は種々あるが，そのなかの一つに使用性能があり，その主たるものはひび割れと変形（たわみ）である．コンクリートは圧縮に強いが引張りに弱いので，前節の曲げを受ける部材において，コンクリートの引張抵抗を無視して，発生する引張力は鉄筋が負担するとして解析している．したがって，ひび割れが発生することで耐力低下することなどはなく，力学的にはひび割れの発生の影響は考慮されている．しかしながら，ひび割れはコンクリート構造物の種々の性能に影響を及ぼし，その発生により構造物の美観を損ねたり，構造物の劣化現象を促進したり，水密性・気密性が要求される構造物では機能低下を招くことになる．また，構造物の過大な変形は使用上

不快感を与え，安全な構造物の使用や美観を損ねたりすることから，構造物を好ましい条件で使用するためにはその変形に制限を設け，鉄筋コンクリート部材の変形がその範囲内であるかを合理的に照査する必要がある．本節では曲げを受ける鉄筋コンクリート部材に関して，ひび割れ幅および変形の算定方法について説明する．

4.2.1 ひび割れ幅

鉄筋コンクリート部材に曲げモーメントが作用すると，前節で説明したように部材に曲げ応力が発生し，部材引張縁のコンクリートの引張応力が曲げ強度（引張強度）を超えるとひび割れが発生する．さらに，曲げモーメントが増加するとひび割れが発生し，ひび割れ間隔が小さくなっていくが，曲げモーメントがある程度以上大きくなると新たなひび割れは発生しなくなり，ひび割れ間隔は一定となる．これはひび割れとひび割れの間のコンクリートには鉄筋との付着によって力（引張力）が伝達されるが，ひび割れ間隔が小さくなるとその力を伝達する長さが十分ではないため，ひび割れ間コンクリートに発生する引張応力が引張強度を超えなくなり，新たなひび割れが発生しないためである．

ひび割れ間隔がある程度狭くなると，曲げを受ける部材の引張部のコンクリート応力は曲げ変形の影響よりもひび割れ間のコンクリートと鉄筋の付着作用に支配されるので，鉄筋コンクリート引張部材の性状と類似する．以下では軸引張力を受けてひび割れが発生した鉄筋コンクリート引張部材を用いて説明する．

(1) ひび割れ間隔

図 4.8 に示すように，鉄筋コンクリート引張部材に軸引張力 N が作用して，ひび割れが発生し，ひび割れ間隔が l である状態を考える．ひび割れ幅は鉄筋の伸びにコンクリートが追随できないための伸びの差がひび割れ位置に集中して現れたもので，ひび割れ間の鉄筋とコンクリートの変形の差である．したがって，鉄筋だけが伸びて，コンクリートが変形しない場合には鉄筋のひずみにひび割れ間隔を掛ければひび割れ幅が求まる．しかしながら，ひび割れ断面では鉄筋のみが軸引張力 N に抵抗しているが，ひび割れ間では付着応力によって鉄筋からコンクリートへ引張応力が伝達され，コンクリートも抵抗し，コンクリートにも応力が生じ，この力学現象を引張硬化（テンションスティフニング tension stiffening）とよぶ．付着応力は鉄筋表面の単位面積あたりの力で，ひび割れ間の位置

4.2 ひび割れ幅と変形

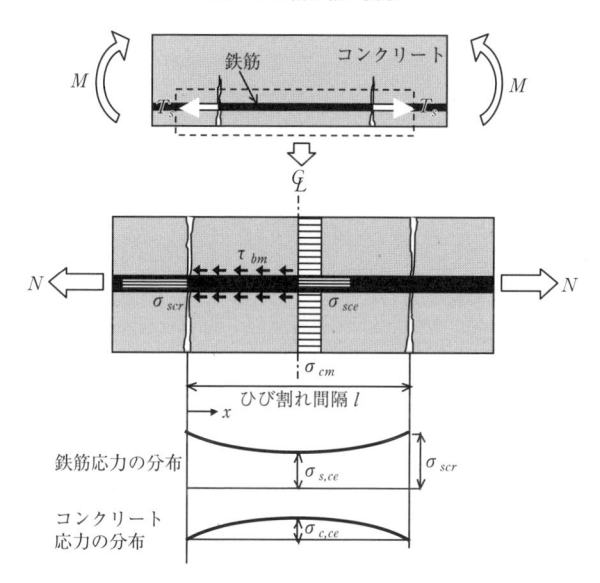

図4.8 軸引張力が作用する鉄筋コンクリート引張部材

によって変化する．そこで，ひび割れ間の付着応力の平均を τ_{bm}，ひび割れ間の中央断面でのコンクリートの引張応力を $\sigma_{c,ce}$ とすると，付着によって伝達された力とコンクリートの負担する力が釣合うことから，ひび割れ間隔は次式で表すことができる．

$$\tau_{bm} U \frac{l}{2} = A_c \sigma_{c,ce} \rightarrow l = \frac{2A_c \sigma_{c,ce}}{\tau_{bm} U} \tag{4.19}$$

ここで，A_c はコンクリートの断面積，U は鉄筋の周長（$U=\pi\phi$，ϕ：鉄筋径）である．

上式を用いれば，ひび割れ間隔に影響する要因がつぎのように定性的に説明することができる．

コンクリートに生じる引張応力 $\sigma_{c,ce}$ はコンクリートの引張強度 f_{ct} を超えることができないので，引張応力 $\sigma_{c,ce}$ には上限値が存在する．その上限値が引張強度に比例するとして $k_1 f_{ct}$ とする．一方，分母の付着応力も付着強度 f_{cb} を超えることができないので，付着応力にも上限値が存在し，$k_2 f_{cb}$ とする．それぞれが上限値の場合にひび割れの発生が安定するので，そのときのひび割れ間隔は次式となる．

$$l = k_3 \frac{A_c f_{ct}}{U f_{cb}} \qquad (4.20)$$

上式において，付着強度が単純に引張強度に比例すると仮定すれば，次式が得られる．

$$l = k_4 \frac{A_c}{U} \quad \text{または} \quad l = k_5 \frac{\phi}{p} \qquad (4.21)$$

ここで，$p = A_s/A_c$ は鉄筋比を表す．

上式において，コンクリートの断面積 A_c を適切に設定すれば曲げ部材のひび割れにも適用することができる．ところが，これまでの研究成果からコンクリート強度がひび割れ間隔やひび割れ幅にはほとんど影響しない点では式(4.21)を裏付ける結果が得られているが，A_c/U や ϕ/p がひび割れ間隔に比例するほどの影響も示されておらず，むしろかぶりが大きく影響することが見出され，また，曲げ部材では多段配置の影響もあり，ひび割れ間隔に関しては現状では上述の理論に基づいて他の影響を取り入れた実験式で評価されている．

(2) ひび割れ間の鉄筋とコンクリートのひずみ

つぎに，ひび割れ間隔が評価されれば，ひび割れ幅は鉄筋とコンクリートとのひずみの差をひび割れ間隔の範囲で積分したものであるので，次式で与えられる．

$$w_{cr} = \int_0^l (\varepsilon_s - \varepsilon_c) dx = (\varepsilon_{sm} - \varepsilon_{cm}) l \qquad (4.22)$$

ε_{sm} と ε_{cm} はひび割れ間の鉄筋の平均ひずみとコンクリートの平均ひずみである．

一般にコンクリートの引張りの弾性ひずみは微小で無視できるので，ひび割れ幅はひび割れ間隔にひび割れ間の平均鉄筋ひずみを乗じて算定することができる．ひび割れ間の鉄筋ひずみはひび割れ断面からテンションスティフニング効果によりひび割れ間中央断面に向かって減少する．この減少のしかたは鉄筋とコンクリートの付着特性に依存するので，ひび割れ間の付着応力分布を定めることができれば精度よく平均鉄筋ひずみを求めることができるが，実際には付着応力分布は一定ではなく，鉄筋の応力の大きさによっても異なる．したがって，現実的な方法として安全側となるので，テンションスティフニング効果による鉄筋ひずみの減少を無視して，設計式においてはひび割れ断面の鉄筋ひずみが用いられている．

一方，コンクリートのひずみは，上述したように弾性ひずみは小さいので無視されている．しかしながら，コンクリートの乾燥収縮が鉄筋とコンクリートとの

ひずみ差を生じさせ，ひび割れ幅の増大をもたらすことは周知の事実であるので，長期的なひび割れ幅の算定では，コンクリートのひずみの項を残してその影響を考慮する必要がある．

土木学会示方書では曲げひび割れ幅 w の算定式として，上述の考え方に基づいて，次式のように表している．

$$w = k_1 k_2 k_3 \{4c + 0.7(c_s - \phi)\}\left[\frac{\sigma_{se}}{E_s} + \varepsilon_{csd}'\right] \tag{4.23}$$

ここに，k_1：鉄筋の表面形状がひび割れ幅に及ぼす影響を表す係数で，一般に異形鉄筋の場合に 1.0，普通丸鋼の場合に 1.3．

k_2：コンクリートの品質がひび割れ幅に及ぼす影響を表す係数で次式による．

$$k_2 = \frac{15}{f_c' + 20} + 0.7 \quad (f_c'：コンクリートの圧縮強度 N/mm^2)$$

k_3：引張鉄筋の段数の影響を表す係数で次式による．

$$k_3 = \frac{5(n+2)}{7n+8} \quad (n：引張鉄筋の段数)$$

c：かぶり（mm）

c_s：鉄筋の中心間隔（mm）

ϕ：鉄筋径（mm）

ε_{csd}'：コンクリートの収縮およびクリープなどによるひび割れ幅の増加を考慮するための数値

σ_{se}：鉄筋応力度の増加量（N/mm^2）

E_s：鉄筋のヤング係数（N/mm^2）

式(4.23) の $\{4c + 0.7(c_s - \phi)\}$ の部分は最大ひび割れ間隔の項で，かぶり c あるいは鉄筋の純間隔が大きくなるとひび割れ間隔が大きくなることを表している．ε_{csd}' は本来はコンクリートのひずみの項であるが，式(4.23) ではひび割れ幅に及ぼすコンクリートの収縮とクリープの影響を表すものとして，一般の場合には 150×10^{-6}，高強度コンクリートの場合には 100×10^{-6} 程度の値が用いられている．

4.2.2 許容曲げひび割れ幅

すでに述べたように，荷重の作用によりひび割れが発生しても，鉄筋で補強さ

れているため，鉄筋コンクリート部材が破壊にいたることはない．しかしながら，ひび割れが発生するとかぶりコンクリートの役割のひとつである鉄筋を保護することや水密性・気密性に関する機能が低下する．土木学会示方書ではコンクリート構造物の設計法が性能照査型設計法に移行し，ひび割れの影響を考慮した塩化物イオン濃度の照査や水密性の照査の方法が示されているが，ひび割れが所要の性能に及ぼす影響がまだ十分には評価されていないこともあり許容ひび割れによる照査，すなわち式(4.23)で算定されたひび割れ幅が許容ひび割れ幅以下であることを確認することも示されている．これまでの調査や実験から，ひび割れ幅が約 0.2 mm 前後より広い場合に鉄筋の腐食が進行することが認められている．**表 4.2** は既往の研究成果を参考にして定められた土木学会示方書での許容ひび割れ幅を示す．表 4.2 においては許容ひび割れ幅はコンクリート構造物が置かれる環境条件とかぶりによって与えられている．環境条件の詳細は**表 4.3** に示すとおりであり，許容ひび割れ幅は当然ではあるが，腐食環境が厳しくなるにつれて狭く設定されている．また，許容ひび割れ幅はかぶりの関数で与えられている．これはひび割れ幅が断面内で一定ではなく，鉄筋近くでは付着によってコンクリートが引張られるため狭く，鉄筋から離れるにつれて伝達される応力が減少しひび割れ幅は広くなることを考慮するためである．表 4.2 から，かぶりを大きくすれば許容ひび割れ幅は大きくなるが，式(4.23) の式においてもかぶりが大きくなるとひび割れ間隔の項が大きくなり，算定されるひび割れ幅も大きくなる．

表 4.2　許容ひび割れ幅（mm）

鋼材の種類	鋼材の腐食に対する環境条件		
	一般の環境	腐食性環境	特に厳しい腐食性環境
異形鉄筋・普通丸鋼	0.005c	0.004c	0.0035c
PC 鋼材	0.004c	—	—

c：かぶり（mm）

表 4.3　鋼材の腐食に対する環境条件の区分

一般の環境	塩化物イオンが飛来しない通常の屋外の場合，土中の場合など
腐食性環境	1. 一般の環境に比較し，乾湿の繰返しが多い場合および特に有害な物質を含む地下水位以下の土中の場合など鋼材の腐食に有害な影響を与える場合など 2. 海洋コンクリート構造物で海水中や特に厳しくない海洋環境にある場合など
特に厳しい腐食性環境	1. 鋼材の腐食に著しく有害な影響を与える場合など 2. 海洋コンクリート構造物で干満帯や飛沫帯にある場合および厳しい潮風を受ける場合など

4.2.3 変形（たわみ）

構造物あるいは部材の変形は一般に，車両走行の安全性や快適性などの使用目的に応じた機能と使用性の保持，過大な変形による損傷の防止などに関係する．したがって，構造物あるいは部材に生じる変形が使用性能を満足していることを確認する必要がある．本項では荷重によるはりのたわみの算定方法について説明する．

変形の検討は，一般に，使用状態（図2.1の第3段階）を想定して行われるので，コンクリートと鉄筋は弾性体として取り扱い，鉄筋コンクリート部材のたわみを弾性解析で算定する方法を述べる．曲げモーメント M の作用によって生じる曲率 ϕ は一般に次式によって表される．

$$\phi = M/EI \tag{4.24}$$

ここで，E はヤング係数で，I は断面2次モーメントで，EI が曲げ剛性である．

鉄筋コンクリート部材に関しては，前節で述べたように，鉄筋をコンクリートに換算して取り扱うので，E にはコンクリートのヤング係数 E_c を，I には換算断面2次モーメント I_i を用いることになる．しかしながら，鉄筋コンクリート部材ではひび割れが発生するが，部材全域にわたって発生するわけではないので，ひび割れを生じた部分と生じていない部分との割合や断面に入るひび割れの程度によって曲率は変化する．

図4.9は曲げを受ける鉄筋コンクリート部材の曲げモーメント M と曲率の関係を示す．曲げモーメントがひび割れ発生曲げモーメント M_{cr} より小さい範囲，

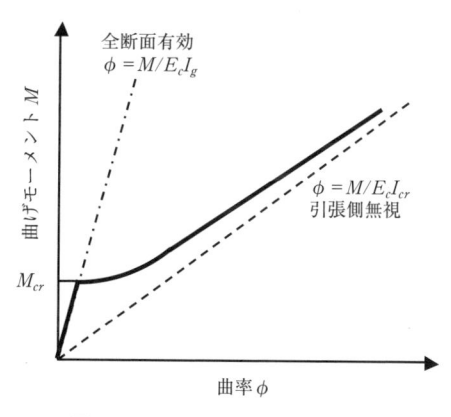

図4.9 曲げモーメントと曲率の関係

すなわちひび割れ発生前は，曲率は曲げモーメントの増加とともに直線的に増加し，全断面を有効とした曲げ剛性による計算値と一致している．そしてひび割れが発生すると曲げ剛性が急激に低下するため曲率が大きくなり，その後曲げモーメントの増加とともにひび割れが進展し，曲げ剛性が徐々に低下し，曲率はコンクリートの引張側の負担を無視した曲げ剛性による計算値に漸近している．引張側を無視した曲げ剛性による計算値とひび割れ発生後から一致していないのは，4.2.1項で述べたひび割れ間のコンクリートが引張力に対して抵抗するテンションスティフニングによるためである．

ひび割れの発生・進展による曲げ剛性の低下を考慮するために，スパン全長にわたって一定とした平均的な有効換算断面2次モーメントが用いられることが多い．次式は土木学会示方書にも採用されている Branson の式である．

有効換算断面2次モーメント I_e を曲げモーメントの大きさによって変化させる場合

$$I_e = \left(\frac{M_{cr}}{M}\right)^4 I_g + \left\{1 - \left(\frac{M_{cr}}{M}\right)^4\right\} I_{cr} \tag{4.25}$$

ここに，M：断面に作用している曲げモーメント，M_{cr}：ひび割れ発生モーメント，I_g：全断面を有効とした換算断面2次モーメント，I_{cr}：コンクリートの引張側を無視した換算断面2次モーメント．

有効換算断面2次モーメント I_e を部材全長にわたって一定とする場合

$$I_e = \left(\frac{M_{cr}}{M_{\max}}\right)^3 I_g + \left\{1 - \left(\frac{M_{cr}}{M_{\max}}\right)^3\right\} I_{cr} \tag{4.26}$$

ここに，$M_{\max}$：部材内に作用している最大曲げモーメント．

式(4.25)は曲げモーメントの大きさに従って断面ごとの I_e を求め，一般は数値積分によって変形を求めることになる．したがって，等曲げモーメントが作用する部材では部材全長にわたって I_e は一定となる．式(4.26)は部材内の曲げモーメントの大きさによらず，部材全長にわたって一定とすることにより面倒な数値積分を行うことなく概算的に変形を計算できる実用上便利なものである．なお，ひび割れ発生モーメントはコンクリートの引張縁での曲げ応力がコンクリートの曲げ強度となるときのモーメントとして次式で求められる．

$$M_{cr} = (f_b \cdot I_g)/y_t \tag{4.27}$$

ここに，f_b：コンクリートの曲げ強度，y_t：図心軸から引張縁までの距離．

また，弾性荷重による方法では，ひび割れが発生していない区間では M/E_cI_g を，ひび割れが発生している区間では M/E_cI_{cr} を弾性荷重として載荷し，任意の位置での曲げモーメントを計算すれば，その位置のたわみが求まる．

以上は活荷重などの短期間の荷重による短期変形であるが，コンクリート部材では死荷重などの持続荷重により長期変形が付加される．この長期変形はおもにコンクリートのクリープと乾燥収縮が原因で，鉄筋とコンクリートの付着応力の緩和やひび割れの進展も変形の増加に寄与する．土木学会示方書にはコンクリートのクリープと乾燥収縮の影響を考慮した項を式(4.25)および式(4.26)に取り入れた有効曲げ剛性の式が示されている．また，断面にひび割れが生じていない場合の長期の変形 δ_t は永久荷重による短期の変形 δ_e にコンクリートとクリープ（クリープ係数 φ）によって生じた変形を重ね合わせた次式で求めてよいとしている．

$$\delta_t = (1+\varphi)\delta_e \tag{4.28}$$

4.3 曲げ耐力

4.3.1 鉄筋コンクリートの曲げ破壊形式

鉄筋コンクリートの曲げ破壊性状について理解するために，ここでは，鉄筋コンクリートはり部材に作用する曲げモーメントを徐々に増加させた場合の曲げモーメントと変形（たわみ）の関係を考えることとする．図4.10に示すように，曲げモーメントの増加に伴い，通常の鉄筋コンクリート部材の場合では，まず引張鉄筋の応力度が降伏強度に達して鉄筋のひずみが著しく増大し，これにより部材の変形（たわみ）が著しく増大する．鉄筋が降伏したあとは鉄筋の応力度の増加はわずかであるため，抵抗モーメントの増加はきわめて小さく，鉄筋のひずみおよび部材の変形（たわみ）は増大していく．そして最終的にはコンクリートの圧縮縁のひずみが終局ひずみに達して，部材は破壊にいたる．このような，鉄筋の降伏が先行するタイプの破壊形式は曲げ引張破壊といわれ，破壊までの部材の変形やエネルギー吸収量が大きい延性的な破壊となり，破壊の予知が容易であり，望ましい破壊形式である．

これに対して，引張鉄筋の量が極端に大きい場合は，鉄筋が降伏する以前に圧

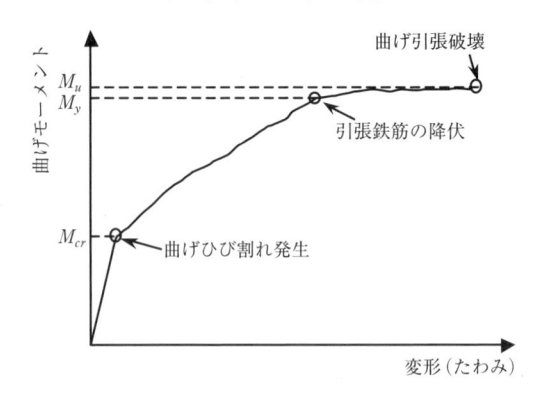

図 4.10 RC 部材の曲げモーメントと変形の関係
（曲げ引張破壊の場合）

縮縁のコンクリートが圧縮破壊を生じて部材が破壊する．部材の破壊時において鉄筋の応力度が降伏強度に達していないため，部材の変形（たわみ）が小さい状態で部材の破壊にいたる．このような，コンクリートの圧縮破壊が先行するタイプの破壊形式は曲げ圧縮破壊といわれ，破壊までの変形やエネルギー吸収量が小さい脆性的な破壊となり，破壊の予知が困難であり，望ましくない破壊形式である．

以上のように，鉄筋コンクリート部材の曲げモーメントによる破壊（曲げ破壊）の形式としては，曲げ引張破壊および曲げ圧縮破壊があるが，設計にあたっては想定される破壊形式が曲げ引張破壊となるように，配置する鉄筋量を適切に決定することが重要である．コンクリートの圧縮破壊と鉄筋の降伏が同時に起こる鉄筋比を釣合い鉄筋比という．部材の破壊形式を曲げ引張破壊とするためには，鉄筋比を釣合い鉄筋比以下にする必要がある．

なお，鉄筋コンクリート部材の破壊形式としては，上述した曲げ破壊のほかに，せん断破壊がある（5.1 節参照）．

4.3.2 曲げ耐力の算定方法

限界状態設計法や終局強度設計法によって曲げ破壊に対する安全性の照査を行う場合には，部材の曲げ耐力を算定する必要がある．本項では，最も基本的な長方形断面を有するはりについて，曲げ耐力の算定法について述べる．

曲げモーメントを受ける部材の断面耐力（曲げ耐力）を算定する場合，以下の

仮定に基づいて行う．
 (1) 繊ひずみは，断面の中立軸からの距離に比例する．
 (2) コンクリートの引張応力は無視する．
 (3) コンクリートの応力-ひずみ曲線は，図3.9によるのを原則とする．
 (4) 鉄筋の応力-ひずみ曲線は，図3.17によるのを原則とする．

なお，上記(1)および(2)の仮定は，4.1節に記述した曲げ応力度の算定における仮定と同じである．

前述したように，通常の鉄筋コンクリート部材の破壊形式は曲げ引張破壊であるので，曲げ耐力の算定に際しては，引張鉄筋の応力度は降伏強度に等しいと仮定しておくのがよい．ただし，鉄筋のひずみが降伏ひずみ以上であることを確認する必要がある．

引張鉄筋の応力度は降伏強度に達しているとすると，鉄筋の引張力 T_s は次式により求めることができる．

$$T_s = f_y A_s \qquad (4.29)$$

ここに，f_y：引張鉄筋の降伏強度，A_s：引張鉄筋の総断面積．
また，コンクリートの圧縮力 C_c は次式により求めることができる．

$$C_c = \int_0^x \sigma_c'(y) \cdot b\, dy \qquad (4.30)$$

ここに，$\sigma_c'(y)$：コンクリートの応力分布，b：断面の幅，y：中立軸からの距離．

曲げ耐力を算定するにあたってコンクリートの応力分布 $\sigma_c'(y)$ として，図4.11の(a)に示すような応力分布を用いるのが厳密な方法であるが，近似的に図4.11の(b)に示すような長方形の応力分布を仮定する方法がある．この応力分布は等価応力ブロックといわれ，これを用いることによって曲げ耐力の算定を簡単な計算により行うことができ，かつ厳密法による場合とほとんど同じ計算結果が得られることから，土木学会示方書にも採用されており，広く用いられている．等価応力ブロックを用いると，コンクリートの圧縮力 C_c は次式により求めることができる．

$$C_c = k_1 f_{ck}' \beta x b \qquad (4.31)$$

ここに，k_1：コンクリートの圧縮強度の低減係数，f_{ck}'：コンクリートの設計基準強度，x：圧縮縁から中立軸までの距離．

(a) 応力分布

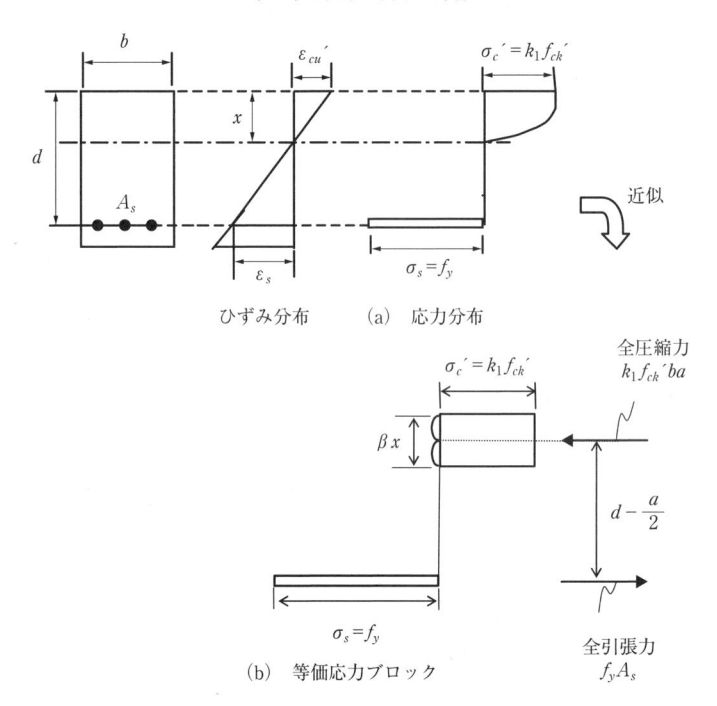

(b) 等価応力ブロック

図 4.11　曲げ破壊時における応力分布

式(4.31)における係数 k_1 および β の値は，土木学会示方書では，過去の実験・研究の成果に基づいて，$18\,\text{N/mm}^2 \leq f_{ck}' \leq 80\,\text{N/mm}^2$ のコンクリートに対して以下のように定められている．

$k_1 = 0.85$　　　　($f_{ck}' \leq 50\,\text{N/mm}^2$ の場合)

$k_1 = 1 - 0.003\,f_{ck}'$　　($f_{ck}' > 50\,\text{N/mm}^2$ の場合)

$\beta = 0.52 + 80\,\varepsilon_{cu}'$

$\varepsilon_{cu}' = \dfrac{155 - f_{ck}'}{30000}$

ここに，ε_{cu}'：コンクリートの圧縮破壊時のひずみ．

断面内の力の釣合い条件より，$C_c = T_s$ が成り立つので，式(4.29)および式(4.31)より，

$$k_1 f_{ck}' \beta x b = f_y A_s$$

$$\therefore\ x = \frac{f_y A_s}{k_1 f_{ck}' \beta b} \tag{4.32}$$

以上から，曲げ耐力 M_u は次式により求めることができる．

$$M_u = f_y A_s \left(d - \frac{\beta x}{2} \right) \tag{4.33}$$

前述したように，曲げ耐力の算定にあたって，鉄筋の応力度が降伏強度に達していると仮定している．そこで，ひずみの適合条件から鉄筋のひずみ ε_s を求め，これが降伏ひずみ ε_y 以上であることを確認する必要がある（図4.11のひずみ分布参照）．すなわち，次式が成立することを確認すればよい．

$$\varepsilon_s = \varepsilon_{cu}' \frac{d-x}{x} \geq \varepsilon_y = \frac{f_y}{E_s} \tag{4.34}$$

ここに，ε_y：鉄筋の降伏ひずみ，E_s：鉄筋のヤング係数（$E_s = 200 \, \text{kN/mm}^2$）．

第4章の演習問題

[演習問題4.1]
　右図に示す単鉄筋長方形断面（$A_s = 8D22$）に曲げモーメント $M = 300 \, \text{kN·m}$ が作用したときのコンクリートおよび鉄筋の応力度を求めよ．ただし，$f_{ck}' = 30 \, \text{N/mm}^2$ とする．

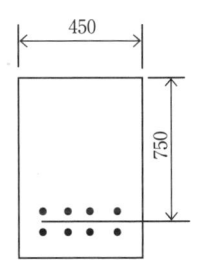

[演習問題4.2]
　右図に示す複鉄筋長方形断面（$A_s = 5D22$，$A_s' = 2D22$）に曲げモーメント $M = 180 \, \text{kN·m}$ が作用したときのコンクリートおよび鉄筋の応力度を求めよ．ただし，$f_{ck}' = 24 \, \text{N/mm}^2$ とする．

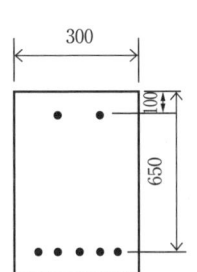

[演習問題4.3]
　右図に示す単鉄筋T形断面（$A_s = 16D29$）に，曲げモーメント $M = 1000 \, \text{kN·m}$ が作用したときのコンクリートおよび鉄筋の応力度を求めよ．ただし，ウェブの圧縮抵抗を無視し，$f_{ck}' = 24 \, \text{N/mm}^2$ とする．

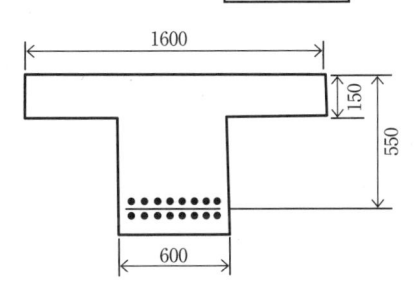

[演習問題 4.4]

右図に示す断面を有する鉄筋コンクリートの単純ばりに $F=200\,\mathrm{kN}$ の荷重が作用する．この鉄筋コンクリートの安全性を許容応力度設計法により検討せよ．ただし，設計基準強度 $30\,\mathrm{N/mm^2}$ のコンクリートおよび SD345 の鉄筋を使用する．また，自重の影響を無視してよい．

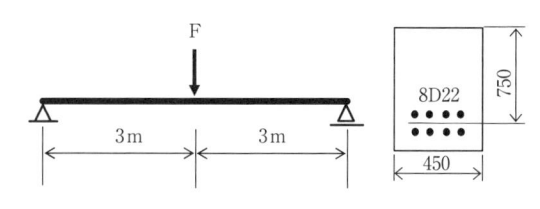

[演習問題 4.5]

右図に示す断面を有する鉄筋コンクリートの片持ちばりに $F=200\,\mathrm{kN}$ の荷重が作用する．この鉄筋コンクリートの安全性を許容応力度設計法により検討せよ．ただし，設計基準強度 $30\,\mathrm{N/mm^2}$ のコンクリートおよび SD345 の鉄筋を使用する．また，自重の影響を無視してよい．

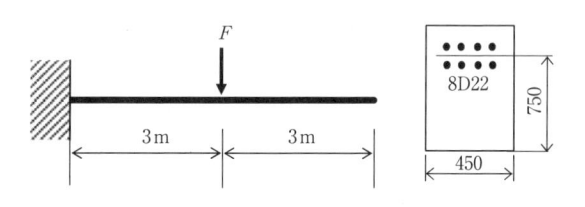

[演習問題 4.6]

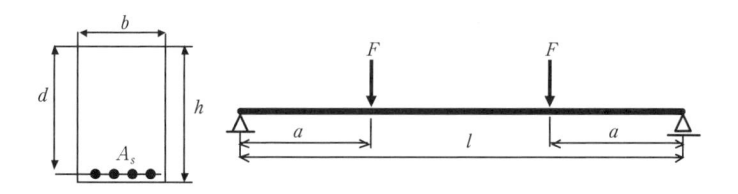

図に示す単鉄筋長方形断面はりに集中荷重 F 作用した．以下の問に答えよ．なお，断面諸元および使用材料の性質などはつぎのとおりである．

断面諸元：幅 $b=400\,\mathrm{mm}$，高さ $h=600\,\mathrm{mm}$，有効高さ $d=550\,\mathrm{mm}$
$A_s=4\cdot\mathrm{D}25=4\cdot 506.7\,\mathrm{mm^2}=2027\,\mathrm{mm^2}$
スパン $l=5000\,\mathrm{mm}$,
コンクリート　圧縮強度 $f_c'=30\,\mathrm{N/mm^2}$，曲げ強度 $f_b=4.0\,\mathrm{N/mm^2}$，弾性係数 $E_c=25\,\mathrm{kN/mm^2}$
鉄　筋　　　SD345，降伏強度 $f_y=345\,\mathrm{N/mm^2}$，弾性係数 $E_c=200\,\mathrm{kN/mm^2}$

1. はり中央の等曲げ区間において，鉄筋の応力度が $\sigma_s=120\,\mathrm{N/mm^2}$ であるときの断

面下縁でのひび割れ幅を求めよ．ただし，鉄筋の中心間隔は 80 mm である．また，$\varepsilon_{csd}'=150\times10^{-6}$ としてよい．
2. はりに荷重 $F=125$ kN が両端から $a=1500$ mm の位置に作用した．はり中央点での短期たわみを求めよ．ただし，自重は無視してよい．

[**演習問題 4.7**]

問題 4.4 に示した鉄筋コンクリートの曲げ耐力（終局曲げモーメント）を求めよ．また，荷重 F が 400 kN のとき，この鉄筋コンクリートは曲げ破壊するか否か検討せよ．

[**演習問題 4.8**]

問題 4.5 に示した鉄筋コンクリートの曲げ耐力（終局曲げモーメント）を求めよ．また，荷重 F が 400 kN のとき，この鉄筋コンクリートは曲げ破壊するか否か検討せよ．

5 せん断力を受ける部材

5.1 せん断破壊性状

　鉄筋コンクリート部材の破壊形式として，4.3節に曲げ破壊の性状について記述したが，もう一つの破壊形式はせん断破壊である．この破壊は延性的な挙動を示す曲げ破壊（通常は曲げ引張破壊）とは対照的にきわめて脆性的な挙動を示すものであり，一般的にはせん断破壊よりも曲げ破壊が先行するように構造物の設

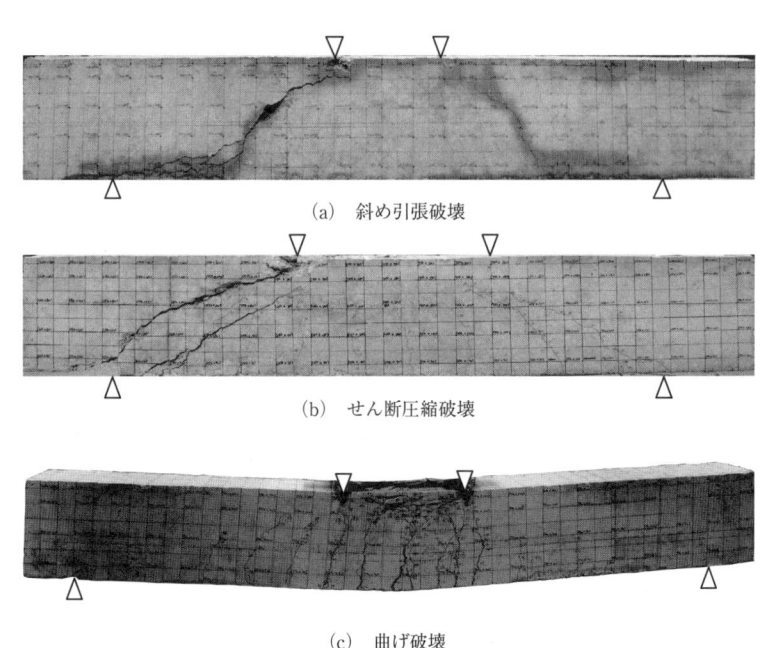

(a) 斜め引張破壊

(b) せん断圧縮破壊

(c) 曲げ破壊

図5.1　はりの破壊性状

計が行われる．

　せん断破壊は，断面寸法や形状，荷重載荷点位置，主鉄筋比，せん断補強鉄筋比，コンクリート強度，鉄筋とコンクリートの付着など，非常に多くの要因が影響しているため，破壊メカニズムの解明は困難なものと考えられている．したがって，実験結果に基づく経験式により終局強度を予測しているのが現状である．

　図5.1は，はりのひび割れ性状と破壊性状を示すものである．このように，せん断破壊はほぼ支点と載荷点とを結ぶ斜め方向のひび割れ（斜めひび割れ）が発生することが特徴であり，この斜めひび割れに起因して生じる破壊である．

5.2　断面力とひび割れ

5.2.1　断面力と応力

　斜めひび割れを生じさせる応力は，単にせん断応力のみではなく，曲げモーメントとの複合的なものであり，引張りに弱いコンクリートでは主引張応力が重要となる．

　いま，**図5.2**に示すように，はりの上縁，中立軸，下縁における主応力を考えてみる．まず，図5.2（a）に示すはり圧縮縁では，曲げ圧縮応力のみが生じる

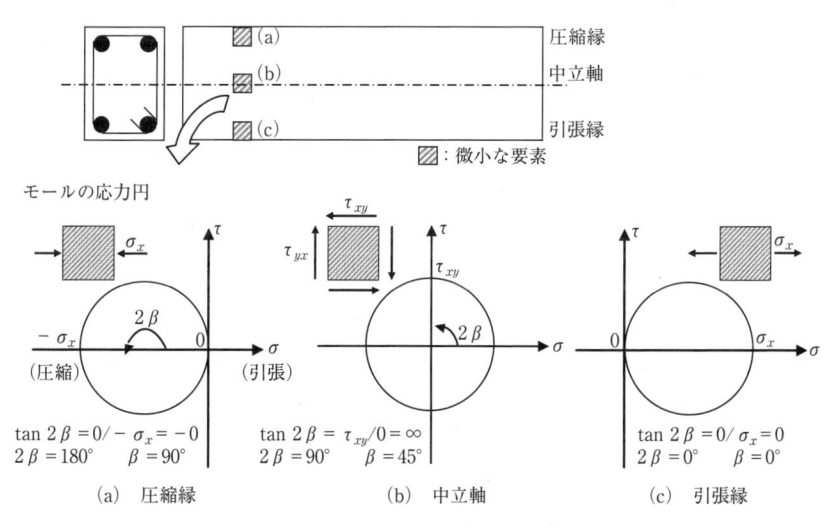

図5.2　はりのせん断破壊性状

ため，モールの応力円より，主引張応力はゼロとなる．逆に，はり引張縁では，曲げ引張応力のみが生じるため，主引張応力は曲げ引張応力と等しく，主応力方向は 0° である．一方，中立軸では，曲げ応力は発生せずに純せん断応力状態となるため主引張応力はせん断応力の値となり主応力方向は 45° である．これは，あたかも斜め方向に直接引張りを受けるかのような応力状態となる．したがって，主引張応力分布は図 5.3 の破線で示すものとなり，それに直交する方向にひび割れ（斜めひび割れ）が生じる．このように斜めひび割れは，はり高に応じてせん断応力と曲げモーメントによる曲げ引張りあるいは圧縮応力との複合作用により生じる．

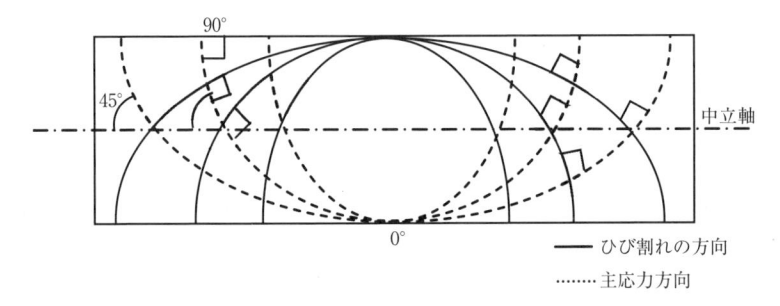

図 5.3 主引張応力分布

はりの断面内における曲げ応力とせん断応力について考えることとする．いま，図 5.4 に示す 2 点載荷のはりの微小領域（幅 dx，高さ D）には，図 5.4 (b) に示す曲げモーメントとせん断力が生じているものとする．この領域における応力状態は図 5.4 (c) のようになり，中立軸から距離 y より下縁側の領域に対して x 方向の力の釣合いを考えると次式に示すようになる（図 5.4 (d) 参照）．

$$(\sigma_c + \sigma_{cy}) \times \left(\frac{D}{2} - y\right) \times \frac{1}{2} \times b + \tau b dx = \{(\sigma_c + d\sigma_c) + (\sigma_{cy} + d\sigma_{cy})\} \times \left(\frac{D}{2} - y\right) \times \frac{1}{2} \times b$$

$$\tau b dx = (d\sigma_c + d\sigma_{cy})\left(\frac{D}{2} - y\right) \times \frac{1}{2} \times b \tag{5.1}$$

$\sigma = (M/I)y$ であることから，

$$d\sigma_c = \frac{dM}{I}\left(\frac{D}{2}\right)$$

5.2 断面力とひび割れ

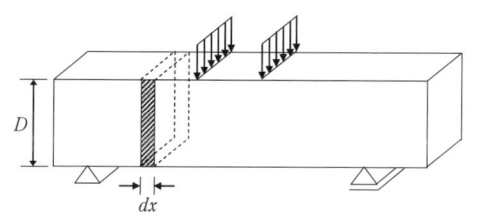

(a) 曲げとせん断力を受けるはり

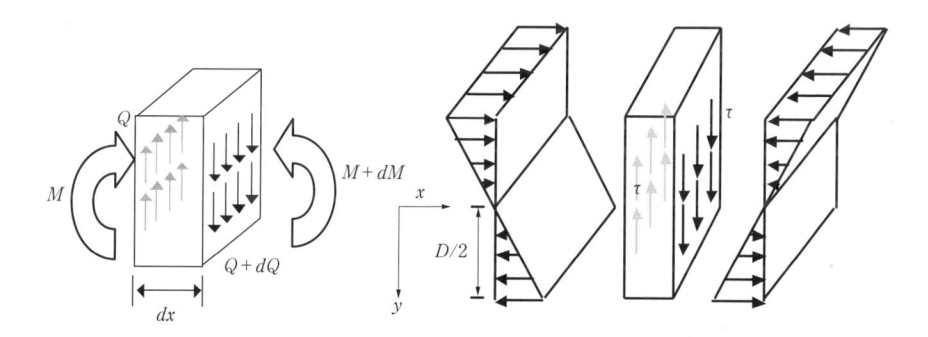

(b) 微小領域に作用する断面力

(c) 微小領域における応力状態

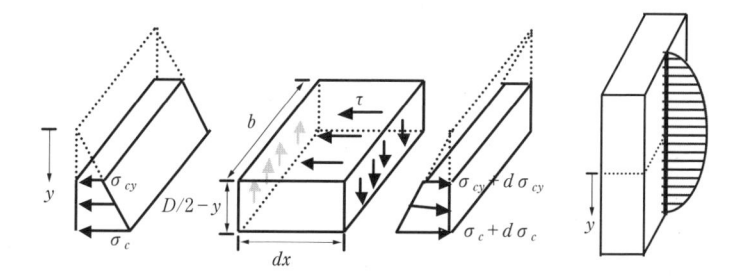

(d) 高さ $y \sim D/2$ 領域における力の釣合い

(e) せん断応力分布

図 5.4 はりの断面力

$$d\sigma_{cy} = \frac{dM}{I} y \qquad (5.2)$$

このことは，曲げモーメントが一定の領域内ではせん断応力は生じないことを意味している．式(5.1)および式(5.2)より，

$$\tau b dx = \frac{dM}{I}\left(\frac{D}{2}+y\right)\left(\frac{D}{2}-y\right) \times \frac{1}{2} \times b = \frac{6\left(\frac{D}{2}+y\right)\left(\frac{D}{2}-y\right)}{D^3} dM$$

$$\tau = \frac{6\left(\frac{D}{2}+y\right)\left(\frac{D}{2}-y\right)}{bD^3}\frac{dM}{dx} = \frac{6\left(\frac{D}{2}+y\right)\left(\frac{D}{2}-y\right)}{bD^3}Q \tag{5.3}$$

せん断応力は図 5.4（d）に示したように，微小領域上面（y 面）に作用するものであるが，力の釣合いならびにモーメントの釣合い条件により，鉛直面（x 面）にも作用するものである．したがって，せん断応力 τ にせん断面積を乗じたものがせん断力 Q となるわけである．したがって，図 5.4（e）に示すようにせん断応力は上縁と下縁で 0，中立軸で最大値（$3/2 \times Q/(bD)$）となる放物状分布となる．

つぎに，**図 5.5** に示す単鉄筋長方形断面の鉄筋コンクリートはりにおけるせん

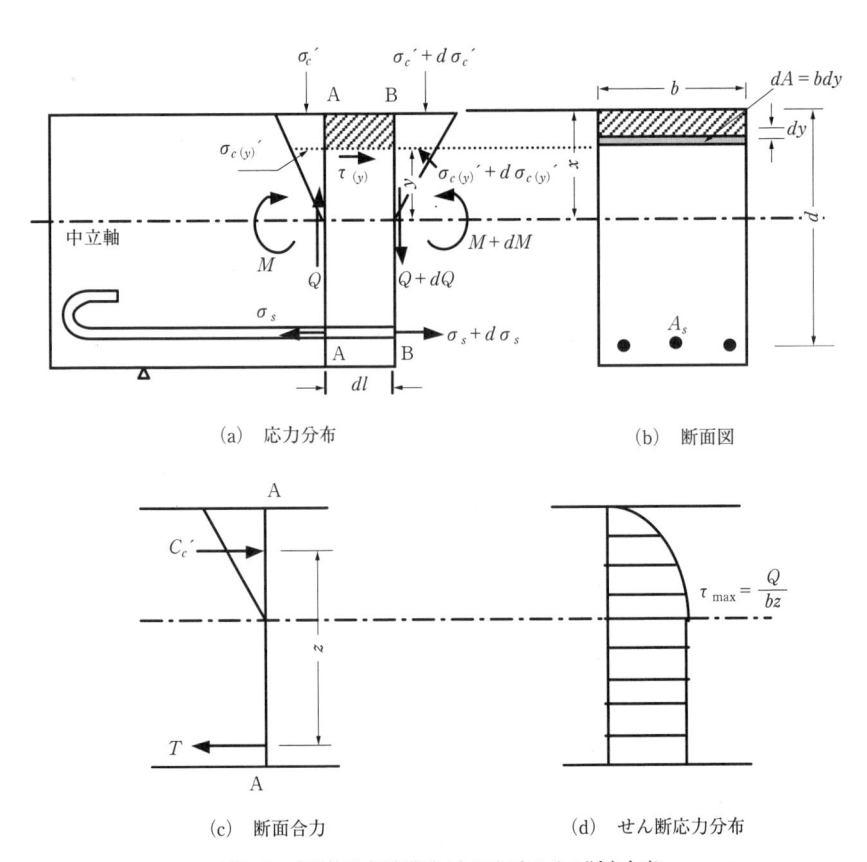

(a) 応力分布 (b) 断面図

(c) 断面合力 (d) せん断応力分布

図 5.5 単鉄筋長方形断面はりにおけるせん断応力度

5.2 断面力とひび割れ

断応力について考えることとする．いま，コンクリートは弾性体であると仮定し引張抵抗を無視すると，曲げひび割れ発生後における鉄筋コンクリート断面のせん断応力はつぎのようになる．圧縮領域のみを有効として図 5.5 (a) に示す斜線領域におけるはり軸方向の力の釣合いは式 (5.4) となり，同式を整理すると式 (5.5) となる．

$$\tau_{(y)} b \, dl = \int_y^x d\sigma_{c(y)}' dA \tag{5.4}$$

$$\tau_{(y)} = \frac{1}{b} \int_y^x \frac{d\sigma_{c(y)}'}{dl} dA \quad \left(d\sigma_{c(y)}' = \frac{dM}{I} y \right)$$

$$= \frac{1}{b} \int_y^x \frac{1}{I} \frac{dM}{dl} y \, dA \quad \left(Q = \frac{dM}{dl} \right)$$

$$= \frac{Q}{bI} \left\{ \frac{b}{2}(x^2 - y^2) \right\} \tag{5.5}$$

ここで，中立軸におけるコンクリート圧縮領域の断面 1 次モーメントを G_c とすると，断面 2 次モーメント I は，式 (5.6) で表すことができる．

〔式 (5.6) の誘導過程〕

A-A 断面におけるはり軸方向の力の釣合い式
（コンクリートの圧縮合力 C_c'，引張鉄筋の鉄筋力 T）

$$C_c' = \int \sigma_{c(y)}' dA_c = \int \frac{y}{x} \sigma_c' dA_c = \frac{\sigma_c'}{x} \int y \, dA_c = \frac{\sigma_c'}{x} G_c$$

$$T = \sum \sigma_s A_s = \sum \frac{(d-x)}{x} n\sigma_c' A_s = n \frac{\sigma_c'}{x} \sum (d-x) A_s = n \frac{\sigma_c'}{x} G_s$$

$$C_c' = T \text{ より}, \quad \frac{\sigma_c'}{x} G_c = n \frac{\sigma_c'}{x} G_s \quad \therefore \quad G_c = n G_s$$

中立軸における曲げモーメント（図 5.5 (a) 中の A-A 断面における応力）

$$M = \int_0^x y \sigma_{c(y)}' dA_c + \sum (d-x) \sigma_s A_s = \int_0^x y \frac{y}{x} \sigma_c' dA_c + \sum (d-x) \frac{(d-x)}{x} n\sigma_c' A_s$$

$$= \frac{\sigma_c'}{x} \int_0^x y^2 dA_c + n \frac{\sigma_c'}{x} \sum (d-x)^2 A_s = \frac{\sigma_c'}{x}(I_c + n I_s) = \frac{\sigma_c'}{x} I, \quad (I = I_c + n I_s)$$

$$\therefore \sigma_c' = \frac{M}{I} x$$

断面力による曲げモーメント（図 5.5 (c) 中の A-A 断面における断面力）

$$M = T \times z \Rightarrow \frac{\sigma_c'}{x} I = n \frac{\sigma_c'}{x} G_s \times z \Rightarrow z = \frac{I}{n G_s}$$

$$M = C_c' \times z \Rightarrow \frac{\sigma_c'}{x} I = \frac{\sigma_c'}{x} G_c \times z \Rightarrow z = \frac{I}{G_c}$$

$$I = G_c z \tag{5.6}$$

$$G_c = \int_0^x y dA = \int_0^x y b dy = \frac{bx^2}{2}$$

式(5.6)を式(5.5)に代入し整理すると次式となる．

$$\tau_{(y)} = \frac{Q}{bG_c z}\left\{\frac{b}{2}(x^2 - y^2)\right\} = \frac{Q}{bz}\left\{1 - \left(\frac{y}{x}\right)^2\right\} \tag{5.7}$$

せん断応力 $\tau_{(y)}$ の最大値 τ_{max} は $y=0$ すなわち中立軸上であり，その値はつぎのようになる．

$$\tau_{max} = \frac{Q}{bz} \tag{5.8}$$

5.2.2 ひび割れとせん断補強鉄筋

曲げひび割れ発生後の引張力の負担およびひび割れ幅の制御を目的として軸方向鉄筋が配筋される（第4章参照）．一方，斜めひび割れを伴うせん断破壊を防ぐためにせん断補強鉄筋が配筋される．せん断補強鉄筋は，図5.6に示すように，スターラップと折曲鉄筋に分類でき，前者は軸方向鉄筋に対して直交に配置したものであり，後者は直交に配置しないものである．

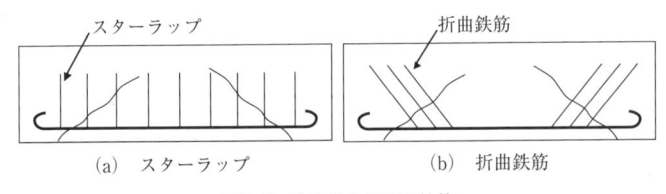

(a) スターラップ　　　(b) 折曲鉄筋

図5.6　はり部材の補強鉄筋

スターラップは軸方向鉄筋を取り囲むように新たに配筋されるものであるが，折曲鉄筋は引張主鉄筋の一部を曲げモーメントが小さくなる支点近傍で上向きに折り曲げ，せん断力に抵抗するようにしたものである．鉄筋はひび割れ抑制効果を期待するものであるため，ひび割れに対して直交方向すなわち引張主応力直交方向に配置することが望ましい．しかしながら，斜めひび割れ方向を事前に同定するのは困難であるため，上述のような配筋手法が実施されている．

5.2.3 破壊形式

せん断破壊の形式は，図5.7（あるいは図5.1）のように斜め引張破壊とせん断圧縮破壊の2種類に分類できる．これらは，せん断スパン比（a/d）に関連しており，図5.8のように整理できる．せん断破壊は，せん断スパン比が比較的小さなはりで生じ，なかでもせん断圧縮破壊を生じるものが最も小さい．

せん断スパン比と曲げモーメント，せん断力の関係について図5.9をもとに考えてみる．図5.9（a）は荷重の載荷位置が中心近く（せん断スパン比：大），図（b）は支点近く（せん断スパン比：小）であり，形状寸法が同一のはりで作用荷重が同じ値であると仮定する．

はりA，Bともにせん断区間長は異なるもののせん断力の大きさは同じであるが，曲げモーメントの大きさは，はりBで小さい．すなわち，はりBでは，はりAに比べて曲げモーメントの影響が小さくなり，逆にせん断力の影響が相対的に大きくなり，せん断スパン比が小さくなることにより破壊が曲げからせん断に移行することがうかがえよう．このような状態ではりの載荷試験を実施した際

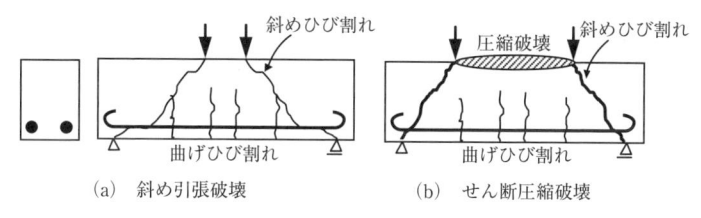

図5.7 せん断破壊形式

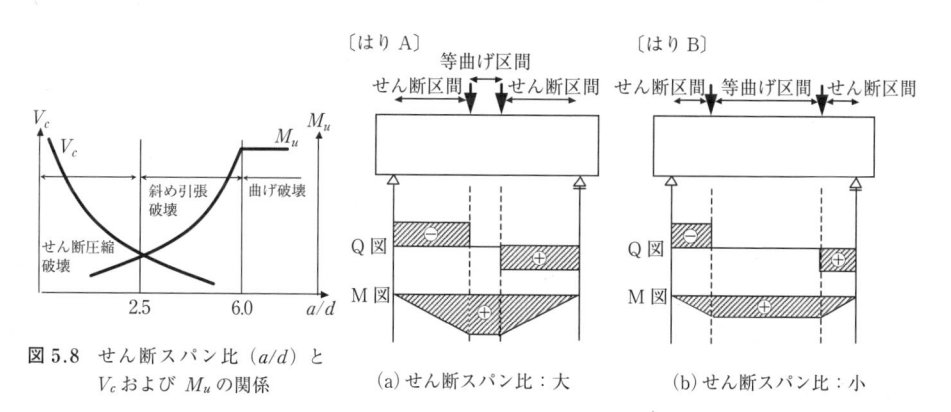

図5.8 せん断スパン比（a/d）と V_c および M_u の関係

図5.9 せん断スパン比（a/d）と断面力

[はり A] [はり B]

(a) 曲げ破壊　　　(b) せん断破壊

図 5.10 a/d の異なるはりのせん断破壊状況

(a) 斜め引張破壊　　　(b) せん断圧縮破壊

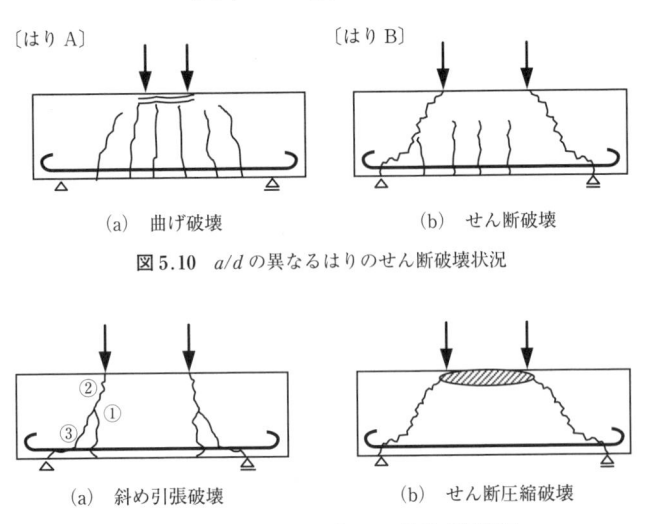

図 5.11 a/d の異なるはりのひび割れ進展状況

の破壊状況が図 5.10（実際には図 5.1）であり，はり B では斜めひび割れが生じていることが確認できる．

斜め引張破壊は，比較的大きなせん断スパン比のはりで生じる破壊形式である．図 5.11 (a) に示すようにまず，集中荷重の載荷にともなって，はりの下縁から上縁に向かって進展する曲げひび割れ先端（①）において，斜めひび割れが形成される（②）．その後，斜めひび割れが引張主鉄筋まで進展すると同時に支点にまで到達し（③），急激に荷重が低下し破壊にいたる．

一方，せん断圧縮破壊は，比較的小さなせん断スパン比のはりで生じる破壊形式である．図 5.11 (b) に示すように斜めひび割れの発生と進展は斜め引張破壊

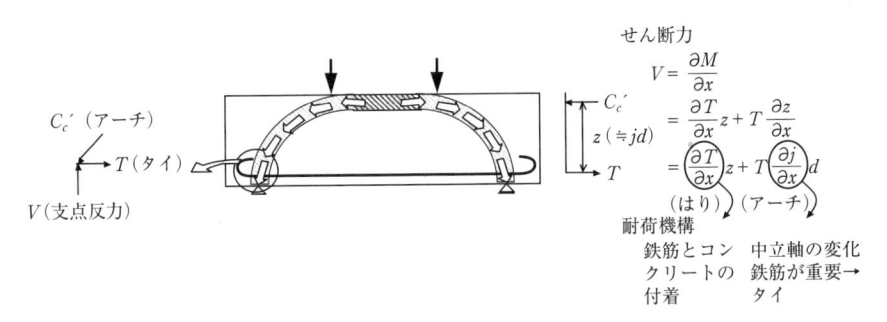

C_c'（アーチ）

T（タイ）

V（支点反力）

せん断力

$$V = \frac{\partial M}{\partial x}$$

C_c'
$z(\fallingdotseq jd)$
T

$$= \frac{\partial T}{\partial x}z + T\frac{\partial z}{\partial x}$$

$$= \underbrace{\frac{\partial T}{\partial x}z}_{(はり)} + \underbrace{T\frac{\partial j}{\partial x}d}_{(アーチ)}$$

耐荷機構
鉄筋とコン　　中立軸の変化
クリートの　　鉄筋が重要→
付着　　　　　タイ

図 5.12 アーチ耐荷機構

にほぼ同じである．しかし，この時点で荷重の低下は若干見られるものの，その後も荷重が増加し続け，最終的にはり上縁におけるコンクリートの圧縮破壊（圧壊）もしくは，引張主鉄筋の降伏（この場合には，曲げ破壊と定義）が主たる原因となり破壊にいたる．これは，図 5.12 に示すように，斜めひび割れ上部のコンクリートに圧縮力が生じ，それが支点に伝達される機構となる（アーチ機構）．

5.3 せん断耐荷機構

5.3.1 コンクリートの耐荷機構

せん断破壊における，せん断力の分担は，斜めひび割れ面を想定した場合のコンクリートとせん断補強鉄筋（せん断補強鉄筋を有する場合）である．図 5.13 に示すようにコンクリートの耐荷機構は，(i) 曲げ圧縮の作用による圧縮領域のせん断抵抗（V_{con}），(ii) 斜めひび割れ面における粗骨材のかみ合わせ効果によるせん断抵抗（V_{ag}），(iii) 鉄筋の曲げ剛性によるせん断抵抗（V_{da}）（ダウエル作用 Dowel action）の 3 つの成分からなる．

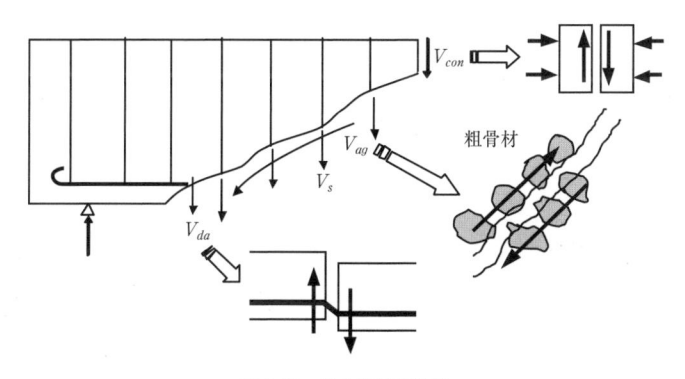

図 5.13 せん断耐荷機構

(1) 圧縮領域のせん断抵抗

はりの圧縮縁近傍では曲げモーメントの作用により曲げ圧縮応力が生じており，そのような状態でせん断破壊を生じさせるためには比較的大きなせん断力が必要である．せん断抵抗は，コンクリート強度，せん断弾性係数，曲げ圧縮応力，圧縮領域に依存する．

(2) 粗骨材のかみ合わせ効果

ひび割れ表面は平坦ではなく，凹凸を有した状態である．したがって，ひび割れ面でずれが生じようとすると，特に粗骨材同士のかみ合わせにより，ずれ抵抗が生じる．このかみ合わせ効果は，ひび割れ幅が小さいほど，粗骨材の最大寸法が大きいほど，また，コンクリート強度が大きいほど顕著となる．

(3) ダウエル効果

鉄筋のような細長い部材は，一般に軸力のみに抵抗する線材として取り扱われるが，当然のことながら曲げ剛性を有している．たとえば，図 5.14 に示すようにひび割れ幅が非常に大きい状態と小さい状態で同一のずれを生じさせることを考えてみる．この場合，幅が小さい状態では，非常に大きなせん断力が必要となることは容易に想像できよう．このダウエル効果は，鉄筋の曲げ剛性，鉄筋比，ひび割れ幅，コンクリート強度によって，決定されると考えられる．

せん断力に対するこれら 3 成分の分担割合は，現時点でも確固たる結論は得られてはいないが，図 5.15 に示すような関係にある．

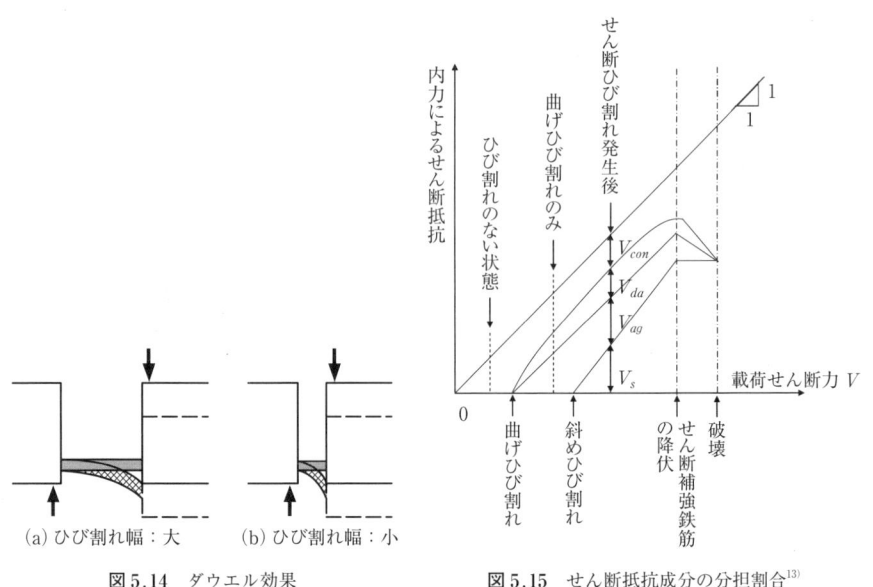

図 5.14 ダウエル効果

図 5.15 せん断抵抗成分の分担割合[13]

土木学会示方書においてはコンクリートが分担するせん断力を次式により算定することとしている[1]．

5.3 せん断耐荷機構

$$V_c = \beta_d \cdot \beta_p \cdot \beta_n \cdot f_{vc} \cdot b_w \cdot d \tag{5.9}$$

$f_{vc} = 0.20\sqrt[3]{f_c'}$　ただし　$f_{vc} \leqq 0.72 (\text{N/mm}^2)$

$\beta_d = \sqrt[4]{1000/d}$　ただし $\beta_d > 1.5$ となる場合は 1.5 とする　(d：mm)

$\beta_p = \sqrt[3]{100p_v}$　ただし $\beta_p > 1.5$ となる場合は 1.5 とする

$\beta_n = 1 + 2M_0/M_u$　($N' \geqq 0$ の場合）ただし $\beta_n > 0$ となる場合は 2 とする

　　 $= 1 + 4M_0/M_u$　($N' < 0$ の場合）ただし $\beta_n < 0$ となる場合は 0 とする

N'：軸方向圧縮, M_u：軸方向力を考慮しない純曲げ耐力, M_0：曲げモーメント M に対する引張縁において, 軸方向力によって発生する応力を打ち消すのに必要な曲げモーメント, b_w：腹部の幅（mm）, d：有効高さ（mm）, $p_v = A_s/(b_w \cdot d)$, A_s：引張鋼材の断面積（mm^2）, f_c'：コンクリートの圧縮強度（N/mm^2）.

5.3.2　せん断補強鉄筋の耐荷機構

せん断補強鉄筋は, 図 5.16 (a) に示すように斜めひび割れ発生後にひび割れ面における応力を分担する他, 斜めひび割れ幅の増大やひび割れの進展を抑制する. このことは, 粗骨材のかみ合わせ効果やコンクリートの曲げ圧縮領域の低下を抑制するため, コンクリートのせん断力分担にも寄与する. スターラップでは, 図 (b) に示すように主鉄筋を取り囲むように配筋されるため, その拘束効果により主鉄筋の抜け出しを抑制するとともに, 主鉄筋とコンクリートの付着応力も増大される. また, 引張主鉄筋の下方への相対ずれを拘束するため, 図 5.14 に示したダウエル作用による主鉄筋に沿ったひび割れを抑制する（図 (c)）.

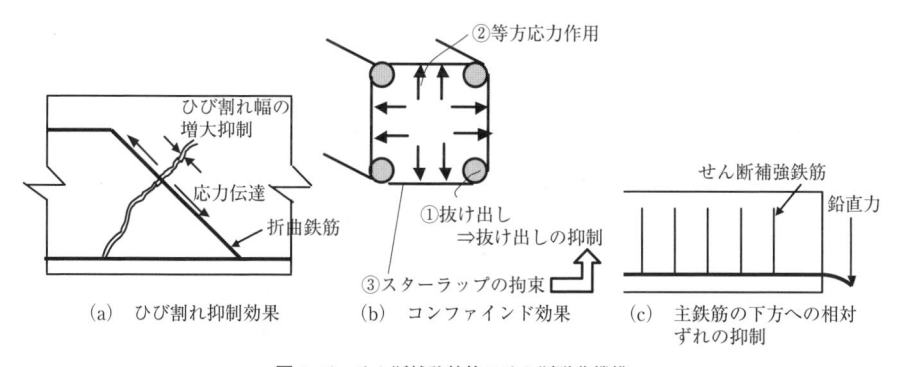

図 5.16　せん断補強鉄筋のせん断耐荷機構

5.3.3 トラス理論

せん断補強鉄筋が配筋されたはり部材に対して，その内部に発生する力を一軸部材であるトラスで捉えることにより，せん断耐荷機構が単純かつ明快に表現できる．この理論を古典的トラス理論とよんでいる．さらに，コンクリートのせん断抵抗によるせん断力分担分を加え合わせたものが修正トラス理論であり，設計手法にも広く用いられているものである．しかしながら，この理論は力の釣合いのみを満足しており，変位の適合条件は考慮されていないことに注意する必要がある．

はり部材の斜めひび割れ発生後に対するトラスによるモデル化は，図 5.17 に示すようになる．ここで，

- 上弦材：曲げ圧縮部のコンクリート
- 下弦材：引張主鉄筋
- 圧縮斜材：斜めひび割れ間の腹部コンクリート
- 引張斜材：せん断補強鉄筋

としたものである．

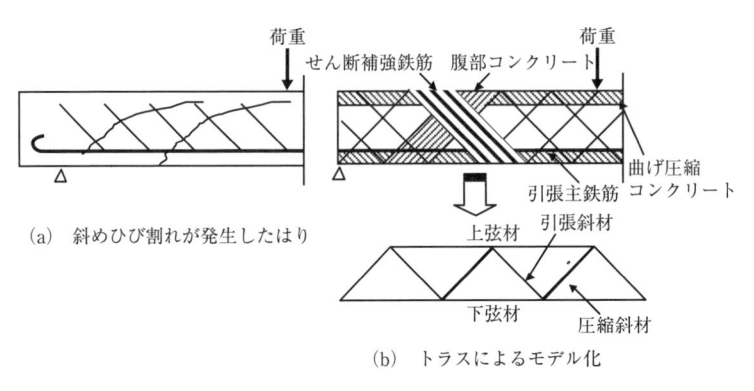

図 5.17 トラスモデル

いま，図 5.18 に示すように，自由体において斜めひび割れ角度 θ，せん断補強鉄筋の角度 α，せん断補強鉄筋間隔 s とする．斜めひび割れである a〜a′ 断面を横切るせん断補強鉄筋の本数 n はつぎのようになる．

$$n = \frac{z(\cot\theta + \cot\alpha)}{s} \quad (5.10)$$

5.3 せん断耐荷機構

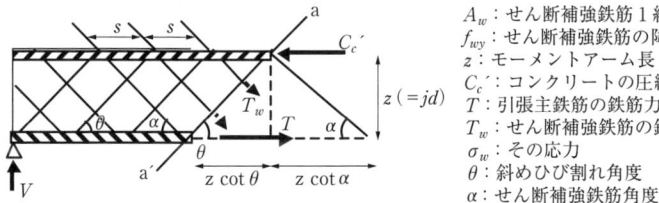

図5.18 トラス理論による力の釣合い

A_w：せん断補強鉄筋1組の断面積
f_{wy}：せん断補強鉄筋の降伏応力
z：モーメントアーム長
C_c'：コンクリートの圧縮合力
T：引張主鉄筋の鉄筋力
T_w：せん断補強鉄筋の鉄筋力
σ_w：その応力
θ：斜めひび割れ角度
α：せん断補強鉄筋角度

a～a'断面において，せん断補強鉄筋に生じる応力 σ_w がすべて同じであると仮定すると，せん断補強鉄筋の合力 T_w はつぎのようになる．

$$T_w = n \cdot A_w \cdot \sigma_w$$
$$= \frac{A_w \sigma_w z (\cot\theta + \cot\alpha)}{s} \qquad (5.11)$$

そして，鉛直方向の力の釣合いにより，せん断力 V_s はつぎのようになる．

$$V_s = T_w \sin\alpha$$
$$= \frac{A_w \sigma_w z (\cot\theta + \cot\alpha)\sin\alpha}{s} \qquad (5.12)$$

式(5.12)はあくまでも鉛直方向における力の釣合い式を表しているものであり，せん断破壊を生じるはりのせん断耐力を意味するものではない．通常，鋼材は降伏応力によりその破壊条件を規定しており，式(5.12)においてもそれを適用すると，せん断補強鉄筋のせん断耐力はつぎのようになる．

$$V_s = \frac{A_w f_{wy} z (\cot\theta + \cot\alpha)\sin\alpha}{s} \qquad (5.13)$$

一方，スターラップにおいては，引張主鉄筋のなす角度が90°であるため，式(5.13)中の α を90°とすることにより次式となる．

$$V_s = \frac{A_w f_{wy} z \cot\theta}{s} \qquad (5.14)$$

通常，中立軸における主引張応力の角度が45°であることから，斜めひび割れ角度 $\theta = 45°$ とすることが多く，この場合には次式のようになる．

折曲鉄筋 $\quad V_s = \dfrac{A_w f_{wy} z (\sin\alpha + \cot\alpha)}{s}$

スターラップ $\quad V_s = \dfrac{A_w f_{wy} z}{s} \qquad (5.15)$

しかしながら、このトラス理論に基づくせん断耐力の予測値は、**図 5.19** に示すように実際のせん断耐力よりも小さな値となり、トラス以外の効果の導入、もしくはトラスモデルの修正が必要となった。前者に関しては修正トラス理論とよばれ、コンクリートのせん断抵抗によるせん断力分担分 V_c を加えたものである（式 (5.16)）。

$$V_y = V_c + V_s \tag{5.16}$$

後者は可変角トラス理論とよばれ、斜めひび割れ角度 α を 45° 以下にするものである。

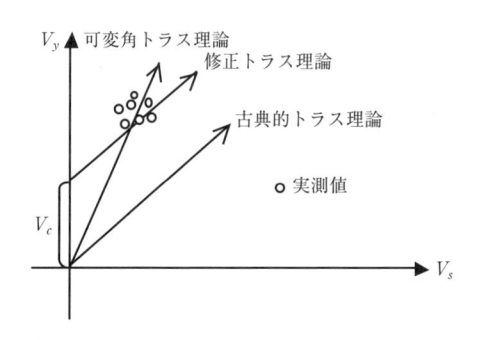

図 5.19 トラス理論の修正

5.3.4 ウェブコンクリートの耐荷機構

トラス理論においてせん断補強鉄筋のせん断耐力 V_s は応力が降伏応力に達した時点の力とした（引張斜材の降伏）。しかしながら、せん断補強鉄筋量が過度に多い場合においては、せん断補強鉄筋の応力が降伏応力に到達する以前に、斜めひび割れ間の腹部コンクリート（圧縮斜材）が圧縮破壊（圧壊）する可能性がある。この破壊は斜め圧縮破壊とよんでおり、その耐力 V_{wc} は式 (5.16) に比べて小さくなる。したがって、この種の破壊を避けるために、せん断補強鉄筋の降伏が先行する、すなわち斜め引張破壊耐力 V_y が斜め圧縮破壊耐力 V_{wc} を下回るように設計しなければならない。

斜め圧縮破壊耐力 V_{wc} は、トラスモデルにおける圧縮斜材（腹部コンクリート）が圧縮破壊を生じるときのせん断力により規定される。圧縮斜材に直交する面（受圧面）の面積（受圧面積）A_{wc} は**図 5.20** に示すように次式となる。

5.3 せん断耐荷機構

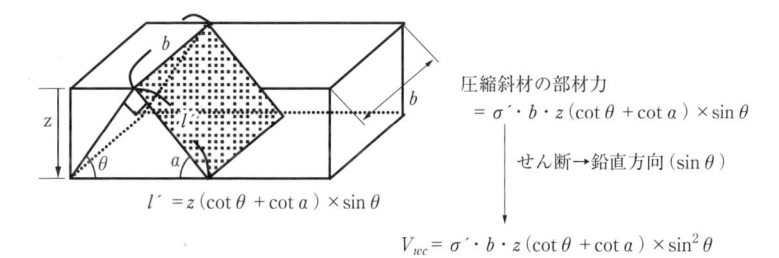

圧縮斜材の部材力
$= \sigma' \cdot b \cdot z(\cot\theta + \cot\alpha) \times \sin\theta$

せん断→鉛直方向 $(\sin\theta)$

$l' = z(\cot\theta + \cot\alpha) \times \sin\theta$

$V_{wc} = \sigma' \cdot b \cdot z(\cot\theta + \cot\alpha) \times \sin^2\theta$

図 5.20 圧縮斜材に直交する面積（受圧面積）

$$A_{wc} = l' \cdot b$$
$$= b \cdot z(\cot\theta + \cot\alpha)\sin\theta \tag{5.17}$$

受圧面積 A_{wc} に腹部コンクリートの圧縮強度 f_c' を乗じることにより，破壊時の圧縮力 C_{wc}' が求まる．

$$C_{wc}' = A_{wc} \times f_c'$$
$$= f_c' \times bz(\cot\theta + \cot\alpha)\sin\theta \tag{5.18}$$

斜め圧縮破壊耐力 V_{wc} は式(5.18) の鉛直成分であることから次式となる．

$$V_{wc} = C_{wc}'\sin\theta$$
$$= f_c'bz(\cot\theta + \cot\alpha)\sin^2\theta \tag{5.19}$$

なお，スターラップにおいては，$\alpha = 90°$ とすることにより次式となる．

$$V_{wc} = f_c'bz\cos\theta\sin\theta \tag{5.20}$$

ここで，斜めひび割れ角度 $\theta = 45°$ とすると，斜め圧縮破壊耐力 V_{wc} はつぎのようになる．

$$\text{折曲鉄筋} \quad V_{wc} = \frac{f_c'bz(1+\cot\alpha)}{2}$$

$$\text{スターラップ} \quad V_{wc} = \frac{f_c'bz}{2} \tag{5.21}$$

実際には，ここで示したトラス理論よりも小さな値となるため，また，実験データが不足していることから，土木学会示方書では安全側の設計となるように次式で規定している[1]．

$$V_{wc} = f_{wc}'bd \tag{5.22}$$

ここに，$f_{wc}' = 1.25\sqrt{f_c'}$．

式(5.21) 式に示すスターラップと比較すると，

$$\text{式}(5.22) \text{ の } f_{wc}'(=1.25\sqrt{f'c}) \ll \text{式}(5.21) \text{ の } f_{wc}'\left(=\frac{f'_c}{2}\right)$$

であり，設計ではきわめて安全側となるように配慮していることがわかる．

5.4　モーメントシフト

5.4.1　はり理論とトラス理論

　第4章では，はり断面の下側や上側に主鉄筋のみが配筋され，せん断補強鉄筋がないはりを対象とし，曲げひび割れや曲げ耐力の検討ならびに引張鉄筋や圧縮鉄筋の鉄筋力の算出がはり理論に基づいて行われた．その際，引張鉄筋の引張力は，はり理論に従うと図5.21 (a) のようになったわけである．しかし，せん断補強鉄筋が配筋され曲げひび割れや斜めひび割れが発生した状態では，トラス理論が適用されることとなり，せん断区間における主鉄筋の鉄筋力ははり理論に基づく値とは異なる．ハウトラスを例にとると，引張鉄筋の鉄筋力は図5.21 (b) のようになり，トラス機構の保持のため等曲げ区間でははり理論と同じ値であるが，せん断区間では大きな値となる．

　実際の現象は，はり理論よりもトラス理論に基づいた状態に近くなっているため，図5.6 (b) に示した引張鉄筋の一部を曲げモーメントが小さくなる支点近傍で折り曲げる折曲鉄筋においては，その考慮が必要となる．

5.4.2　トラス理論による曲げモーメント

　トラスモデルにおいて力の釣合いを模式的に表したものが図5.18であったが，図5.22に対して斜めひび割れ面において異なる位置における曲げモーメントを考えてみることとする．

　いま，支点から x の距離にある断面を①〜①断面（斜めひび割れが引張主鉄筋と交差する位置），そこからモーメントアーム長 z に相当する水平距離だけ離れた断面を②〜②断面（斜めひび割れがコンクリート圧縮合力の作用点と交差する位置）とする．①〜①断面および②〜②断面において外力により生じる曲げモーメントは，それぞれ次式となる．

$$\begin{aligned} \text{①〜①断面} \quad & M_① = Vx \\ \text{②〜②断面} \quad & M_② = V(x + z\cot\theta) \end{aligned} \tag{5.23}$$

5.4 モーメントシフト

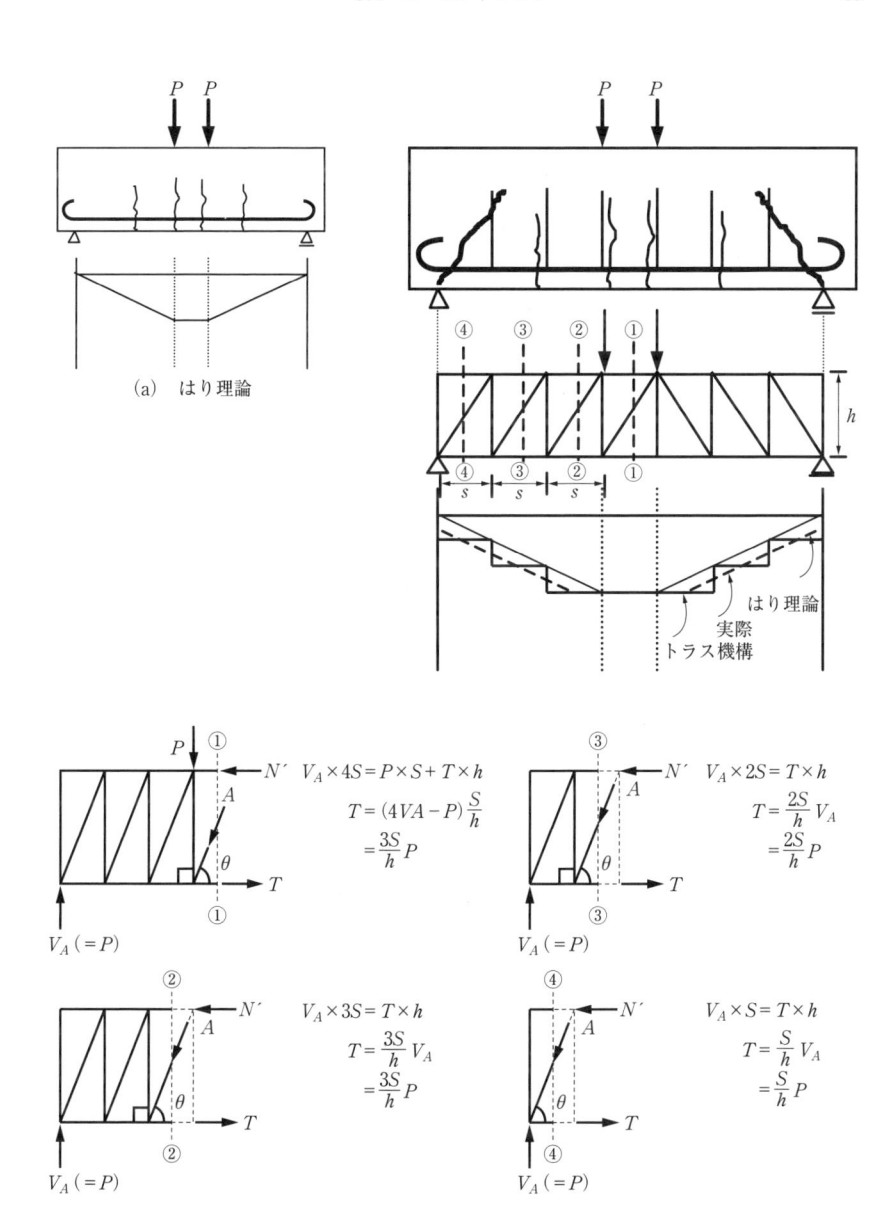

(a) はり理論

$V_A \times 4S = P \times S + T \times h$
$T = (4VA - P)\dfrac{S}{h}$
$= \dfrac{3S}{h}P$

$V_A \times 2S = T \times h$
$T = \dfrac{2S}{h}V_A$
$= \dfrac{2S}{h}P$

$V_A \times 3S = T \times h$
$T = \dfrac{3S}{h}V_A$
$= \dfrac{3S}{h}P$

$V_A \times S = T \times h$
$T = \dfrac{S}{h}V_A$
$= \dfrac{S}{h}P$

(b) トラス機構

図 5.21 引張鉄筋の引張力

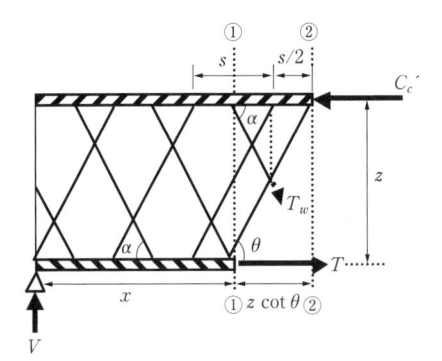

A_w：せん断補強鉄筋1組の断面積
f_{wy}：せん断補強鉄筋の降伏応力
z：モーメントアーム長
C_c'：コンクリートの圧縮合力
T：引張主鉄筋の鉄筋力
T_w：せん断補強鉄筋の鉄筋力
σ_w：せん断補強鉄筋の応力
θ：斜めひび割れ角度
α：せん断補強鉄筋角度

図5.22 斜めひび割れ面における曲げモーメント

一方，外力の作用により発生する断面力 C_c', T, T_w によって生じる②〜②断面における曲げモーメントは，次式となる．

$$M_{②}' = Tz + T_w \sin\alpha \frac{s}{2} \tag{5.24}$$

また，鉛直方向の力の釣合いにより

$$V = T_w \sin\alpha \tag{5.25}$$

となり，式(5.24) は次式となる．

$$M_{②}' = Tz + V\frac{s}{2} \tag{5.26}$$

外力と断面力による曲げモーメント（式(5.23)，式(5.26)）は等しいことから

$$V(x + z\cot\theta) = Tz + V\frac{s}{2} \tag{5.27}$$

となり，引張主鉄筋の引張力 T は次式となる．

$$T = \frac{Vx}{z} + V\cot\theta - \frac{1}{2}V\frac{s}{z} \tag{5.28}$$

ここで，せん断補強鉄筋間隔 s は，式(5.10)において $n=1$ とするとつぎのようになる．

$$s = z(\cot\theta + \cot\alpha) \tag{5.29}$$

式(5.29) を式(5.28) に代入するとつぎのようになる．

$$\begin{aligned}T &= \frac{Vx}{z} + V\cot\theta - \frac{V(\cot\theta + \cot\alpha)}{2} = \left(\frac{x}{z} + \cot\theta - \frac{\cot\theta + \cot\alpha}{2}\right)V \\ &= \left[\frac{x}{z} + \left\{\cot\theta - \frac{\sin(\theta+\alpha)}{2\sin\theta\sin\alpha}\right\}\right]V\end{aligned} \tag{5.30}$$

5.4 モーメントシフト

式(5.30)において右辺第1項目がはり理論による鉄筋力,右辺第2項目がトラス理論により付加される鉄筋力 ΔT となる (式(5.31)).

$$\Delta T = \left\{\cot\theta - \frac{\sin(\theta+\alpha)}{2\sin\theta\sin\alpha}\right\}V \tag{5.31}$$

いま,式(5.31)の右辺をつぎのようにおくと

$$\frac{l_s}{z} = \cot\theta - \frac{\sin(\theta+\alpha)}{2\sin\theta\sin\alpha} \tag{5.32}$$

式(5.30)は,次式となる.

$$T = \frac{Vx}{z} + \frac{Vl_s}{z} = \frac{1}{z}(M_① + Vl_s) \tag{5.33}$$

すなわち,トラス理論を考慮することにより①〜①断面に生じる曲げモーメントは,$M_①$ ではなく $(M_① + Vl_s)$ となる.この値は,①〜①断面から②〜②断面に向かって l_s だけずらした位置のモーメントに対応するものであり,これをモーメントシフトとよび,l_s をシフト量とよぶ (図 5.23 参照).

シフト量 l_s の値は,$\cot\theta$ の最大値を2 ($\theta \fallingdotseq 27°$) とするとつぎのようになる[12].

$$l_s = \left(1 - \frac{\cot\alpha}{2}\right)z \tag{5.34}$$

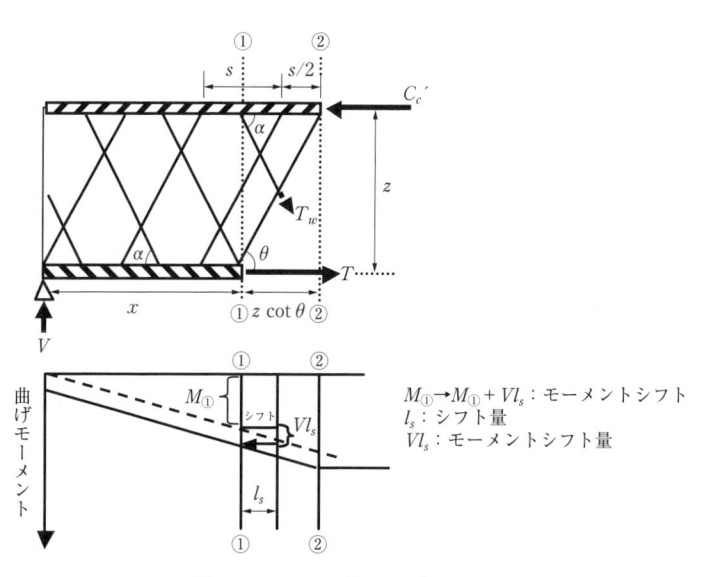

図 5.23 モーメントシフトとシフト量

一方,鉛直スターラップ ($\alpha=90°$) ではシフト量 l_s は次式のようになるが,

$$l_s = z \\ \fallingdotseq jd \quad (j=7/8) \tag{5.35}$$

設計の実務においては有効高さ d に等しいものとしている.

$$l_s \fallingdotseq d \tag{5.36}$$

第5章の演習問題

[演習問題 5.1]

下図に示す単鉄筋長方形断面のせん断応力分布を求めよ.

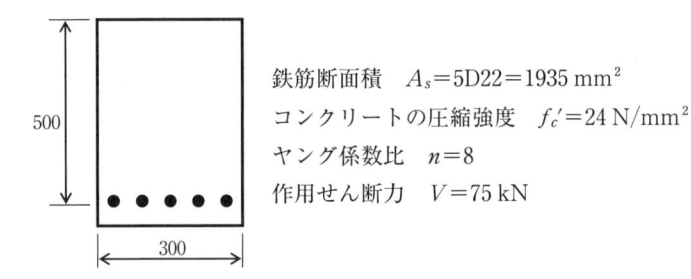

鉄筋断面積　$A_s = 5D22 = 1935\,\text{mm}^2$
コンクリートの圧縮強度　$f_c' = 24\,\text{N/mm}^2$
ヤング係数比　$n = 8$
作用せん断力　$V = 75\,\text{kN}$

(断面：幅 300, 高さ 500)

[演習問題 5.2]

下図に示す複鉄筋長方形断面ばりの最大せん断応力 τ_n を求めよ.

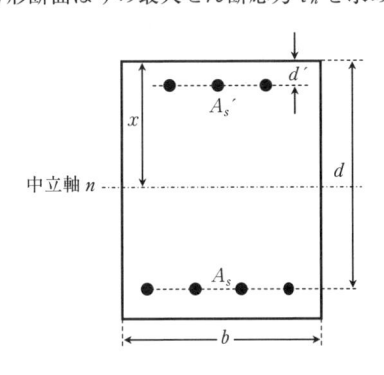

(断面図：幅 b,有効高さ d,中立軸 n,中立軸深さ x,圧縮鉄筋 A_s'（かぶり d'),引張鉄筋 A_s)

[演習問題5.3]

下図に示す複鉄筋長方形断面のせん断応力分布を求めよ．

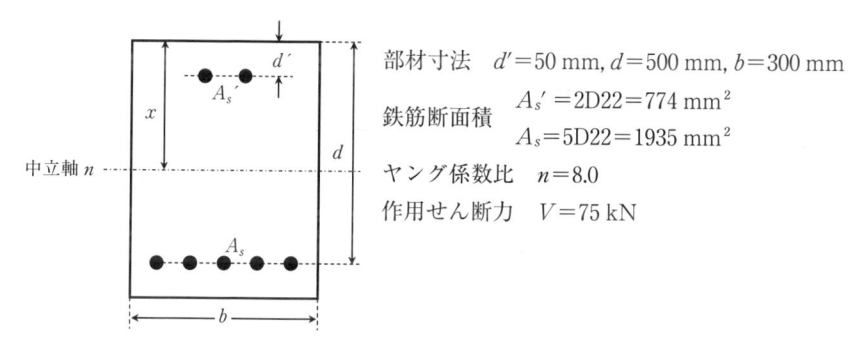

部材寸法　$d'=50$ mm, $d=500$ mm, $b=300$ mm
鉄筋断面積　$A_s'=2D22=774$ mm^2
　　　　　　$A_s=5D22=1935$ mm^2
ヤング係数比　$n=8.0$
作用せん断力　$V=75$ kN

[演習問題5.4]

下図に示す長方形断面はり部材において，コンクリートの設計基準強度が $f_{ck}'=30$ N/mm^2 のとき，以下の値を求めよ．

1) コンクリートが負担する設計せん断耐力 V_c（軸力 N' は0）
2) せん断力が $V_y=250$ kN のとき，D16（SD295A）のU形鉛直スターラップの最大配置間隔 s（mm）

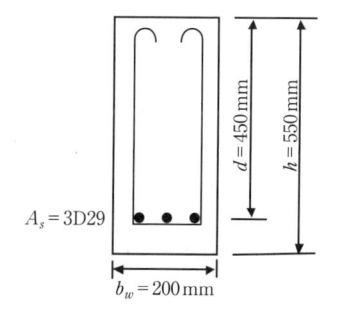

ここで，鉄筋の公称断面積
　　　D16：198.6 mm^2
　　　D29：642.4 mm^2
　　　（U形スターラップ：断面積は2倍とする）
　　　SD295A の降伏応力 295 N/mm^2
　　　応力中心距離：d/1.15

[演習問題 5.5]
下図に示すスターラップをもつ T 形断面のせん断耐力について，各設問に答えよ．
[断面諸元]

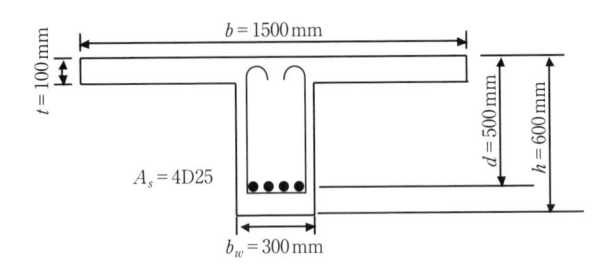

[材料条件] コンクリート：$f_{ck}'=24\,\text{N/mm}^2$
　　　　　U 形スターラップ：D13（SD295A）$\alpha=90°$
　　　　　軸方向鉄筋：D25（SD295A）

① せん断耐力 V_y を算定せよ（スターラップの配置間隔は 200 mm）．
② 腹部コンクリートの斜め圧縮破壊耐力 V_{wc} を求め V_y と比較せよ．
③ せん断耐力が $V_d=320\,\text{kN}$ となるように設計変更せよ．
　（変更の条件：スターラップの径とピッチおよび鉄筋の規格）
　ここで，
　　　　鉄筋の規格 SD295A（降伏応力 $f_y=295\,\text{N/mm}^2$）
　　　　　　　　　SD345（降伏応力 $f_y=345\,\text{N/mm}^2$）
　　　　鉄筋の公称断面積
　　　　　　D13　126.7 mm^2
　　　　　　D16　198.6 mm^2
　　　　　　D19　286.5 mm^2
　　　　　　D22　387.1 mm^2
　　　　　　D25　506.7 mm^2

[演習問題 5.6]
下図に示す長方形断面はり部材に荷重 $P=300\,\text{kN}$，軸方向圧縮力 $N'=50\,\text{kN}$ が作用しているとき，つぎの問題に答えよ．
（1）コンクリートが負担するせん断耐力 V_c を求めよ．
（2）せん断破壊が生じないような D10(SD295A) の U 形鉛直スターラップの最大配置間隔 s を求めよ．なお，構造細目は考慮しなくてもよい．

第 5 章の演習問題

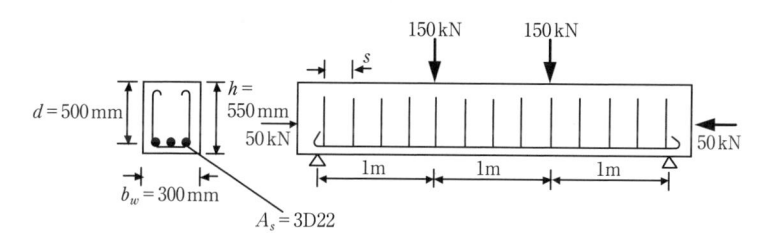

ここで，鉄筋の公称面積：D22：387.1mm², D10：71.33mm²
コンクリートの設計基準強度 $f_{ck}'=20\,\mathrm{N/mm^2}$
鉄筋の降伏応力：$f_y=295\,\mathrm{N/mm^2}$

6 軸力と曲げを受ける部材

6.1 軸力を受ける柱部材の挙動

　柱は主として圧縮の軸力を受ける鉛直または鉛直に近い構造部材で，その長さが最小横寸法の3倍以上のものである．柱部材では接合する部材との剛比や接合部の構造ならびに載荷の状況などにより，軸力と同時に曲げモーメントやせん断力を受ける．また，柱部材は土木学会示方書において細長比 λ（柱の有効高さ／回転半径，有効高さ＝弾性座屈長，回転半径＝$\sqrt{(柱の断面2次モーメント／柱の総断面積)}$）によって短柱（$\lambda \leq 35$）と長柱（$\lambda > 35$）に分類されている．短柱の断面耐力は部材の断面諸元と使用材料の性質から計算できるが，長柱の断面耐力は長さが横寸法に対して相対的に長いので座屈する場合があり，横方向変位による2次モーメントの影響により断面諸元と使用材料の性質から決まる断面耐力よりも一般に低下する．本節では軸力（軸方向圧縮力）のみが作用する鉄筋コンクリート短柱部材の耐荷機構について説明する．

6.1.1 軸力を受ける柱部材の弾性解析

　図 6.1 に示す軸力 N が作用する鉄筋コンクリート部材を考える．圧縮の軸力により鉄筋コンクリート部材が一様に縮んで，図 6.1 に示すようにコンクリートと鉄筋にひずみと応力が生じた．コンクリートに生じる圧縮内力 C_c と鉄筋に生じる圧縮内力 C_s の合計が外力である軸力 N に対して釣合って抵抗し，以下の条件式が成り立つ．

$$\text{ひずみの適合条件（一様な変形）}: \varepsilon_c' = \varepsilon_s' \qquad (6.1)$$

$$\text{力の釣合い条件（外力 ＝ 内力）}: N = C_c + C_s = A_c \sigma_c' + A_s \sigma_s' \qquad (6.2)$$

6.1 軸力を受ける柱部材の挙動

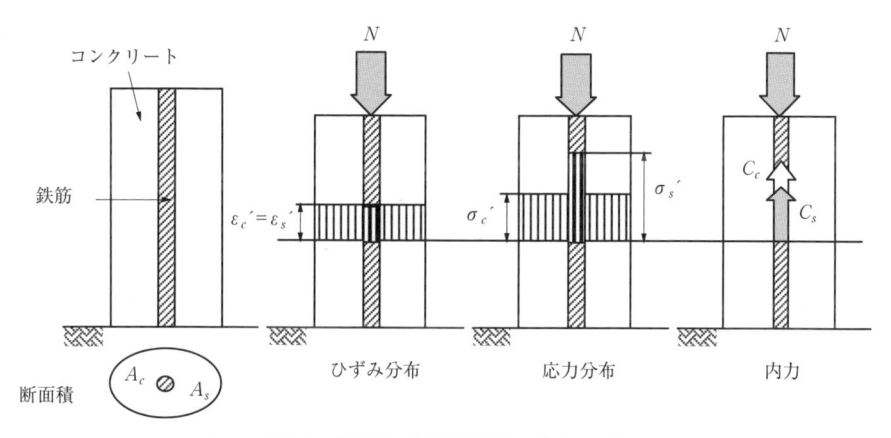

図6.1 柱部材に生じるひずみ，応力，内力

軸力 N の大きさが小さくて，コンクリートと鉄筋が弾性体と見なせる範囲では，フックの法則で表される両材料の応力-ひずみ関係（$\sigma_c'=E_c\varepsilon_c'$, $\sigma_s'=E_s\varepsilon_s'$, E_c, E_s：コンクリートと鉄筋の弾性係数）と式(6.1)を式(6.2)に代入すると，以下の関係が得られる．

$$N=A_c\sigma_c'+A_s\sigma_s'=A_cE_c\varepsilon_c'+A_sE_s\varepsilon_s'=A_cE_c\varepsilon_c'+A_sE_s\varepsilon_c'$$
$$=E_c\varepsilon_c'(A_c+nA_s)=\sigma_c'(A_c+nA_s)$$
$$=(\sigma_s'/n)(A_c+nA_s) \qquad (6.3)$$

$n=E_s/E_c$ は弾性係数比であり，上式をコンクリート応力 σ_c と鉄筋応力 σ_s について整理すると次式が得られる．

$$\sigma_c'=\frac{N}{A_i}, \qquad \sigma_s'=n\frac{N}{A_i} \quad (A_i=A_c+nA_s) \qquad (6.4)$$

上式はコンクリートと鉄筋が弾性範囲であれば，鉄筋コンクリート柱部材のコンクリートに生じる応力は軸力 N を，鉄筋の断面積を弾性係数比倍してコンクリートに換算してコンクリートの断面積に加えた換算断面積 A_i で除すことにより得られることを表している．

6.1.2　軸力を受ける柱部材の断面耐力

図6.1において，軸力 N が増加すると鉄筋コンクリート柱部材は破壊にいたるが，ここで部材の破壊を，"コンクリートに生じるひずみが終局ひずみ ε_{cu}' に達したとき破壊する"と定義する．1軸圧縮応力下のコンクリートの終局ひずみ

ε_{cu} は約 0.0035 であり,鉄筋の圧縮降伏ひずみは約 0.002 程度であるので,式 (6.1) のひずみの適合条件から破壊時には鉄筋は降伏している.したがって,式 (6.2) において,コンクリート応力 $\sigma_c'=f_c'$(圧縮強度),鉄筋応力 $\sigma_s'=f_y'$(降伏強度)となり,鉄筋コンクリート柱部材の断面耐力 N_u は以下のように表される.

$$N_u = A_c f_c' + A_s f_y' \tag{6.5}$$

6.1.3 横方向鉄筋の種類と効果

式(6.5)はコンクリートと鉄筋がいっしょに外力に抵抗するという前提で導かれており,鉄筋が降伏後も座屈しないことが必要となる.このため,横方向鉄筋を配置して軸方向鉄筋を拘束して破壊近傍で座屈しないようにする.横方向鉄筋には,**図 6.2** に示すように帯鉄筋とらせん鉄筋の 2 種類がある.圧縮力を受けて軸方向が縮んだコンクリートはポアソン効果により横方向に膨らむが,これを横方向鉄筋が拘束し,コンクリートは 3 軸圧縮応力状態となる.このことによって鉄筋コンクリート柱部材の断面耐力および靭性が改善される.この横方向鉄筋の

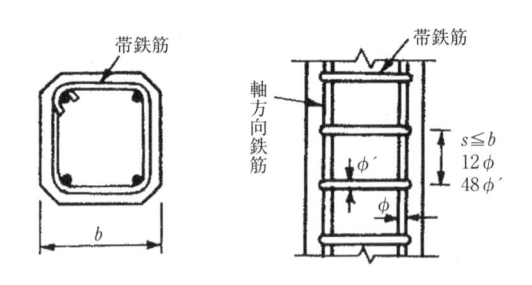

(a) 帯鉄筋柱

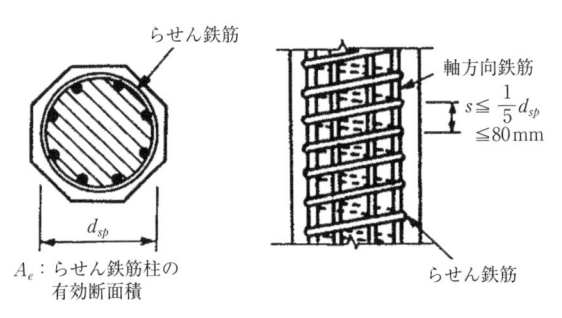

(b) らせん鉄筋柱

図 6.2 柱部材の横方向鉄筋の種類

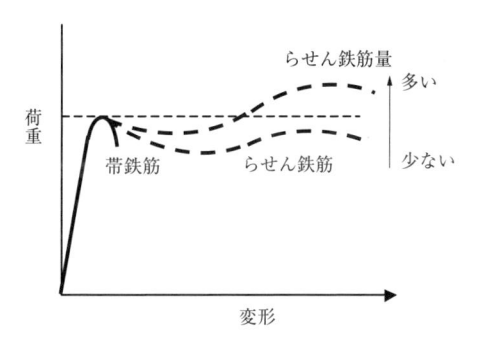

図6.3 柱部材の作用荷重と変形の関係

拘束効果はらせん鉄筋のほうが帯鉄筋より顕著な効果をもたらす．図6.3は鉄筋コンクリート柱部材の変形と軸荷重の関係を示す．帯鉄筋柱もらせん鉄筋柱も最大荷重に達するまではほぼ同じ挙動を示し，横方向鉄筋の種類の違いによる差はない．しかしながら，最大荷重に達したあとは，帯鉄筋柱ではコンクリートの圧壊と帯鉄筋間の軸方向鉄筋の座屈が生じて破壊にいたる．一方，らせん鉄筋柱では最大荷重に達したあと，荷重はいったん低下するが，らせん鉄筋の配置により，続いて生じる大きな変形に耐え，コンクリートが3軸圧縮応力状態に近い強度を発揮して荷重も回復する．荷重の回復の程度はらせん鉄筋量に依存する．らせん鉄筋の配置による増加分を考慮したらせん鉄筋柱の断面耐力は次式で与えられる．

$$N_u = A_e f_c' + A_s f_y' + (m/2) A_{spe} f_{py} \qquad (6.6)$$

上式において，A_e はらせん鉄筋が取り囲むコンクリートの断面積，A_{spe} はらせん鉄筋の換算断面積（らせん鉄筋の体積と等価な仮想の軸方向鉄筋の断面積），m はコンクリートのポアソン数で，破壊時のコンクリートのポアソン数を $m=5$ とすると，第3項目は $2.5 A_{spe} f_{py}$ となる．

6.2 曲げと軸力を受ける部材の挙動

部材断面から偏心して軸力が作用すると，その断面は曲げモーメントが付加され，部材断面には，断面力として軸力と曲げモーメントが同時に作用することになる．図6.4に示すように，軸力と曲げモーメントが同時に作用することは偏心

第6章 軸力と曲げを受ける部材

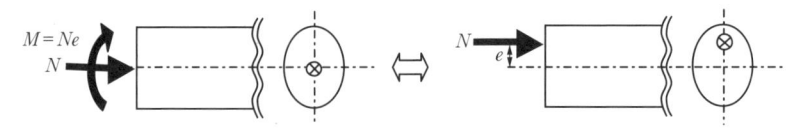

図6.4 曲げと軸力を受ける部材

した軸力が作用したことと等価であるので，本節では偏心軸力が作用するとして説明する．また，軸力と曲げモーメントが同時に作用する鉄筋コンクリート部材の力学挙動の解析の基本的考え方は曲げモーメントのみを受ける部材と同じであるが，軸方向の力の釣合いにおいて，曲げモーメントのみでは外力は0となるが，軸力と曲げモーメントが作用する場合には外力に軸力Nを考える必要がある．

6.2.1 曲げと軸力を受ける部材の弾性解析

偏心軸力が部材断面の核（コア）の範囲内に作用する場合には全断面に圧縮応力が生じるので，全断面を有効として解析をする．この場合には図6.5に示すように軸力と曲げモーメントを別々に分けて，それぞれで応力を求めて重ね合わせて偏心軸力が作用した部材断面に生じる応力を求めることができる．

コンクリート　　$\sigma_c' = \dfrac{N}{A_i}$　　　$\sigma_c' = \dfrac{Ne}{I_i}y$　　　$\sigma_c' = \dfrac{N}{A_i} \pm \dfrac{Ne}{I_i}y$

鉄　筋（上）　　$\sigma_s' = n\dfrac{N}{A_i}$　　$\sigma_s' = n\dfrac{Ne}{I_i}(y_g - d')$　　$\sigma_s' = n\dfrac{N}{A_i} + n\dfrac{Ne}{I_i}(y_g - d')$

鉄　筋（下）　　$\sigma_s' = n\dfrac{N}{A_i}$　　$\sigma_s' = n\dfrac{Ne}{I_i}(d - y_g)$　　$\sigma_s' = n\dfrac{N}{A_i} + n\dfrac{Ne}{I_i}(d - y_g)$

つぎに，偏心軸力が核の外に作用するに部材断面に作用する場合に部材断面に

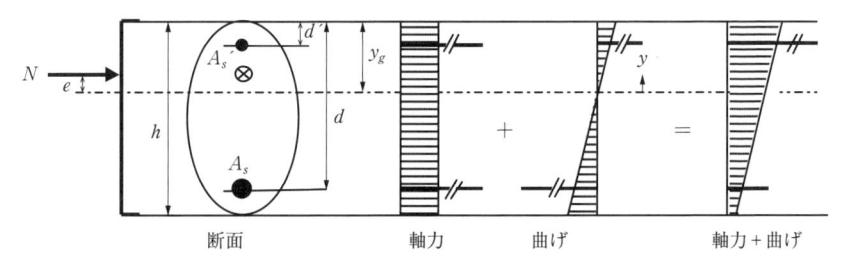

図6.5 偏心軸力が核内に作用した場合の断面内応力分布

6.2 曲げと軸力を受ける部材の挙動

生じる応力度の解析について述べる．曲げモーメントのみの場合と同じように以下の基本仮定が成り立つとする．

① 平面保持の仮定から，繊ひずみは断面の中立軸からの距離に比例する（ひずみの適合条件）．
② コンクリートの引張抵抗は無視する（ひび割れの発生の考慮）．
③ コンクリートおよび鉄筋は弾性体とする（使用材料の構成則）．

図6.6は基本仮定に基づいた部材断面内のひずみ分布，応力分布，発生する内力および作用外力を示したものである．

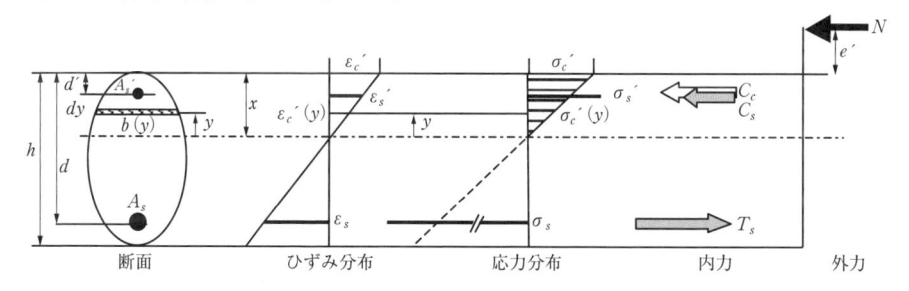

図6.6 弾性解析でのひずみ分布，応力分布，内力

基本仮定①のひずみの適合条件から，コンクリートひずみと鉄筋ひずみは次式の関係にある．

$$\frac{\varepsilon_c'(y)}{y} = \frac{\varepsilon_c'}{x} = \frac{\varepsilon_s'}{x-d'} = \frac{\varepsilon_s}{d-x} \tag{6.7}$$

また，基本仮定③より，コンクリートと鉄筋，それぞれの応力とひずみの関係は次式となる．

$$\sigma_c'(y) = E_c \varepsilon_c'(y), \quad \sigma_c' = E_c \varepsilon_c', \quad \sigma_s' = E_s \varepsilon_s', \quad \sigma_s = E_s \varepsilon_s \tag{6.8}$$

式(6.7)と式(6.8)から，部材上縁のコンクリート応力 σ_c' で他の応力を表して，断面に生じる内力を表すと以下のとおりである．

$$C_c = \int_0^x \sigma_c'(y) b(y) dy = \frac{\sigma_c'}{x} \int_0^x y b(y) dy = \frac{\sigma_c'}{x} G_c' \tag{6.9}$$

$$C_s = A_s' \sigma_s' = A_s' n \frac{\sigma_c'}{x}(x-d') = \frac{\sigma_c'}{x} n G_s' \tag{6.10}$$

$$T_s = A_s \sigma_s = A_s n \frac{\sigma_c'}{x}(d-x) = \frac{\sigma_c'}{x} n G_s \tag{6.11}$$

そして，力の釣合い条件から，次式が得られる．

$$\frac{\sigma_c'}{x}(G_c' + nG_s' - nG_s) = \frac{\sigma_c'}{x}G_i = N \tag{6.12}$$

上式に関して，曲げモーメントのみの場合は外力 N が 0 であるので，未知数である中立軸位置 x を含む換算断面 1 次モーメント $=0$ の式が得られ，それを解くことにより，中立軸位置 x が求められる．上式では，中立軸位置 x と上縁のコンクリート応力 σ_c' が未知数である．さらに，中立軸に関するモーメントの釣合いから次式が導かれる．

$$\frac{\sigma_c'}{x}(I_c' + nI_s' + nI_s) = \frac{\sigma_c'}{x}I_i = N(e' + x) \tag{6.13}$$

上式の左辺は内力によるモーメントで，右辺は外力によるモーメントである．式(6.12)と式(6.13)より，コンクリート応力を消去すれば，中立軸位置 x を含む次式が得られる．

$$I_i - G_i(e' + x) = 0 \tag{6.14}$$

この式を x について整理すると 3 次方程式となる．適切な方法で x を求めると，式(6.12)からコンクリートの応力がわかり，コンクリート応力から鉄筋の応力も求まる．たとえば，単鉄筋長方形断面については，幅 $b(y)=b$，圧縮鉄筋 $A_s'=0$ とすれば，次式が得られる．

$$I_i = \frac{1}{3}bx^3 + nA_s(d-x)^2 \tag{6.15}$$

$$G_i = \frac{1}{2}bx^2 - nA_s(d-x) \tag{6.16}$$

$$I_i - G_i(e'+x)=0 \Rightarrow \frac{1}{6}bx^3 + \frac{1}{2}be'x^2 + nA_s(e'+d)x - nA_s(e'+d)d = 0 \tag{6.17}$$

6.2.2 曲げと軸力を受ける部材の断面耐力

曲げモーメントと軸力を受ける部材の断面耐力を算定する上での基本仮定は，弾性解析の場合と同様に曲げモーメントのみが作用する場合と同じである．以下にその基本仮定を示す．

① 平面保持の仮定から，繊ひずみは断面の中立軸からの距離に比例する（ひずみの適合条件）．

② コンクリートの引張抵抗は無視する（ひび割れの発生の考慮）．

③ コンクリートおよび鉄筋の応力-ひずみ関係はそれぞれ図 3.9 と図 3.17 に

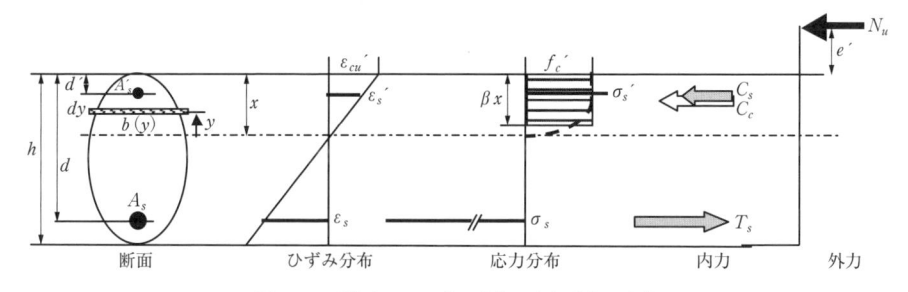

図 6.7 破壊時でのひずみ分布,応力分布,内力

よるものとする(使用材料の構成則).

④ コンクリートに生じる圧縮ひずみが終局ひずみ ε_{cu}' に達したとき,部材は破壊する(終局状態の定義).

以上の基本仮定に基づいて,断面内に生じる内力を求めて,作用外力との力の釣合いとモーメントの釣合いから断面耐力を算出する.なお,コンクリートの応力分布には曲げモーメントと同様に等価応力ブロックを用いている.したがって,**図 6.7** に示すように部材断面のひずみ分布および応力分布そして断面内に生じる内力の誘導は曲げモーメントのみが作用する場合と同じである.しかしながら,曲げモーメントのみが作用する場合には断面破壊時における中立軸位置および曲げ耐力が未知数であるので,力の釣合いとモーメントの釣合いの2つの式からそれらを決定することができるが,曲げモーメントと軸力が作用する場合には中立軸位置および軸方向耐力と曲げ耐力の3つが未知数であるため,条件式が足りない.そこで,本節では中立軸位置を既知として与えて,軸方向耐力と曲げ耐力を求めることとする.また,曲げと軸力を受ける部材の断面耐力は軸方向耐力と曲げ耐力の組み合わせで表されるので,**図 6.8** のような横軸に曲げモーメント,縦軸に軸力とした図で示される.この図は相互作用図あるいは破壊包絡線とよばれ,部材に作用する曲げと軸力が,軸方向耐力と曲げ耐力をプロットして描かれた破壊包絡線の内側にあれば安全であり,外側になれば破壊するとなる.

(1) 釣合い破壊

曲げと軸力を受ける場合においても,破壊条件であるコンクリートに生じる最大の圧縮ひずみが終局ひずみに達すると同時に引張鉄筋もちょうど降伏する状態がある.この場合にはひずみの適合条件から,次式によって釣合い破壊時の中立軸位置 x_b が与えられる.

図中ラベル: 軸力のみ / 圧縮破壊領域 / 破壊包絡線 / 偏心量 e 増加 / 釣合い破壊 / 引張破壊領域 / 曲げのみ / 軸力 N / 曲げモーメント M

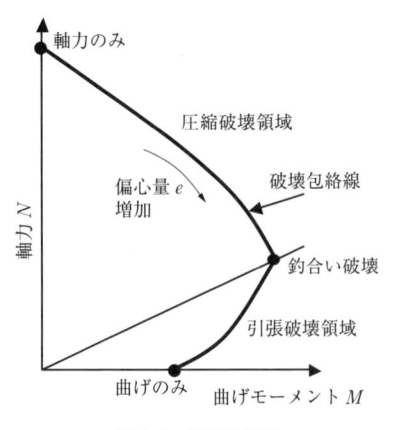

図6.8 相互作用図

$$x_b = \frac{\varepsilon_{cu}'}{\varepsilon_{cu}' + f_{sy}/E_s} d \tag{6.18}$$

そして，中立軸位置が既知であるので，内力と外力に関する力の釣合い条件とモーメントの釣合い条件から，軸方向耐力，曲げ耐力および軸方向力の偏心距離は次式で与えられる．

$$N_{bu} = f_c' \int_{x-\beta x}^{x} b(y)dy + A_s' f_{sy}' - A_s f_{sy} \tag{6.19}$$

$$M_{bu} = f_c' \int_{x-\beta x}^{x} (y_g - x + y)b(y)dy + A_s' f_{sy}'(y_g - d') + A_s f_{sy}(d - y_g) \tag{6.20}$$

$$e' + y_g = e_b = M_{bu}/N_{bu} \tag{6.21}$$

なお，上式において，モーメントあるいは偏心距離の基準は全断面有効の換算断面に関する図心軸 y_g としている．終局状態において軸力のみが作用する部材断面の位置は塑性重心であるが，一般的に構造解析では曲げモーメントは断面図心に関して求められ，上述の弾性解析を含めて統一して扱うためである．

(2) 引張破壊領域

釣合い破壊での中立軸位置より，中立軸位置の値が小さな場合であり，引張鉄筋が先に降伏する引張破壊の領域である．なお，中立軸位置の値の範囲は釣合い破壊での中立軸位置から曲げのみでの中立軸位置までである．圧縮鉄筋が降伏している場合は軸方向耐力，曲げ耐力および軸方向力の偏心距離の式は釣合い破壊の場合と同じとなる．

$$N_u = f_c' \int_{x-\beta x}^{x} b(y)dy + A_s' f_{sy}' - A_s f_{sy} \tag{6.22}$$

$$M_u = f_c' \int_{x-\beta x}^{x} (y_g - x + y) b(y) dy + A_s' f_{sy}'(y_g - d') + A_s f_{sy}(d - y_g) \quad (6.23)$$

$$e' + y_g = e = M_u / N_u \quad (6.24)$$

一方,設定した中立軸位置の値とひずみの適合条件から圧縮鉄筋ひずみを求めて,降伏ひずみ以下であれば,圧縮鉄筋に生じる圧縮合力は次式で表されるので,式(6.22)と式(6.23)における C_s の項を次式と置き換えて,軸方向耐力,曲げ耐力および軸方向力の偏心距離を求める必要がある.

$$C_s' = A_s' f_{sy}' \quad \to \quad C_s' = A_s' E_s \frac{\varepsilon_{cu}'}{x}(x - d') \quad (6.25)$$

(3) 圧縮破壊領域

釣合い破壊での中立軸位置より,中立軸位置の値が大きい場合であり,引張鉄筋の降伏より先にコンクリートが圧壊する圧縮破壊の領域である.この場合には引張鉄筋に生じる引張合力を式(6.26)で表される T_s と置き換えて,軸方向耐力,曲げ耐力および軸方向力の偏心距離を求めればよい.

$$T_s = A_s f_{sy} \quad \to \quad T_s = A_s E_s \frac{\varepsilon_{cu}'}{x}(d - x) \quad (6.26)$$

$$N_u = f_c' \int_{x-\beta x}^{x} b(y) dy + A_s' f_{sy}' - A_s E_s \frac{\varepsilon_{cu}'}{x}(d - x) \quad (6.27)$$

$$M_u = f_c' \int_{x-\beta x}^{x} (y_g - x + y) b(y) dy + A_s' f_{sy}'(y_g - d') + A_s E_s \frac{\varepsilon_{cu}'}{x}(d - x)(d - y_g) \quad (6.28)$$

$$e' + y_g = e = M_u / N_u \quad (6.29)$$

上述の任意断面の場合を,たとえば,単鉄筋長方形断面について,幅 $b(y) = b$,圧縮鉄筋 $A_s' = 0$ として求めれば,次式のようになる.

・釣合い破壊および引張破壊領域

$$N_u = b \beta x f_c' - A_s f_{sy} \quad (6.30)$$

$$M_u = b \beta x f_c' \left(y_g - \frac{1}{2} \beta x \right) + A_s f_{sy}(d - y_g) \quad (6.31)$$

$$e' + y_g = e = M_u / N_u \quad (6.32)$$

・圧縮破壊領域

$$N_u = b \beta x f_c' + A_s E_s \frac{\varepsilon_{cu}'}{x}(d - x) \quad (6.33)$$

$$M_u = b \beta x f_c' \left(y_g - \frac{1}{2} \beta x \right) + A_s E_s \frac{\varepsilon_{cu}'}{x}(d - x)(d - y_g) \quad (6.34)$$

$$e' + y_g = e = M_u/N_u \tag{6.35}$$

第6章の演習問題

[**演習問題 6.1**]

図に示す単鉄筋長方形断面の N_u-M_u の相互作用図を図示せよ．ただし，断面諸元および使用材料の性質などはつぎのとおりである．なお，モーメントの基準位置は全断面を有効とした換算断面の中立軸位置とする．

断面諸元　断面寸法：$b=300$ mm，$h=600$ mm
　　　　　引張鉄筋：$d=550$ mm，$A_s=5D25=2533$ mm^2
材料の性質
　　　コンクリート：$E_c=25$ kN/mm^2，$f_c'=30$ N/mm^2，$\varepsilon_{cu}'=0.0035$，$\beta=0.8$
　　　鉄　　筋：降伏強度 $f_y=f_y'=300$ N/mm^2，$E_s=200$ kN/mm^2
弾性係数比 $n=E_s/E_c=8$，$\varepsilon_y'=\varepsilon_y=f_y/E_s=0.0015$

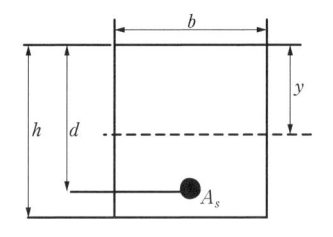

7 構造細目

7.1 構造細目とは

　第6章までに学んだ諸計算により，鉄筋コンクリート部材が所要の力学的性能を発揮できる部材断面の寸法・形状，鉄筋量など決定することができる．しかし，コンクリート構造物の施工が可能で，その力学的機能を十分発揮し，中性化や塩化物浸透などに対し所要の耐久性を有するためには，計算からだけでは定めることができない主に鉄筋に関わる構造細目に関して十分な配慮が必要とされる．
　ここでは，土木学会示方書に規定されている「鉄筋に関する構造細目」と「その他の構造細目」のうち，鉄筋コンクリート構造物の設計において従わなければならない，特に重要な項目について述べることとする．また土木学会示方書では，この2つの構造細目の他に部材の種類や構造別に構造細目が定められている場合が多いが，その場合には，それらの構造細目の規定にも従わなければならない．

7.2 鉄筋に関する構造細目

7.2.1 かぶり
(1) 一般的事項
　かぶりとは，鉄筋あるいはPC鋼材やシースの表面からコンクリートの表面までの最短距離をいう．
　鉄筋コンクリート構造物にかぶりが必要とされる主な理由は，
① 鉄筋とコンクリートが一体となって力学的に作用するために，両者間に十分な付着強度を発揮させるため．
② コンクリート表面からの物質の侵入による鉄筋の腐食を防止するため．

③　火災時などにおいて，内部鉄筋の急激な温度上昇を防ぐため．
などのためである．

したがって，かぶりは，コンクリートの品質，鉄筋直径，部材寸法，構造物の環境条件，コンクリート表面に作用する有害な物質の影響，構造物の重要度，施工時の誤差などを考慮して必要なかぶりを定めることとし，次式で算出される値以上とする．

$$c \geqq \Delta c_e + c_d \tag{7.1}$$

ここに，c：かぶり，Δc_e：施工誤差，c_d：鉄筋直径または耐久性を満足するかぶりのいずれか大きい値．

一般的な環境下における通常のコンクリート構造物の場合は，表7.1に示すかぶりの最小値を満足すればよい．

表7.1　標準的な耐久性[a]を満足する構造物の最小かぶりと最大水セメント比[1]

	W/C[b]の最大値(%)	かぶりcの最小値(mm)	施工誤差 Δc_e(mm)
柱	50	45	±15
はり	50	40	±10
スラブ	50	35	±5
橋脚	55	55	±15

a) 設計耐用年数100年を想定，b) 普通ポルトランドセメントを使用．

(2)　その他の場合のかぶり

①　耐火性を要求されるコンクリート構造物のかぶりは，一般の環境を満足するかぶりの値に，20 mm 程度を加えた値としてよい．

②　フーチングおよび構造物の重要な部材で，コンクリートが地中に直接打ち込まれる場合のかぶりは，75 mm 以上とするのがよい．

③　水中で施工する鉄筋コンクリートで，水中不分離性コンクリートを用いない場合のかぶりは，100 mm 以上とするのがよい．

④　流水などによりすりへりを受けるおそれがある部分のかぶりは，10 mm 以上割り増すことで対処するのがよい．

7.2.2　鉄筋のあき

鉄筋のあきとは，互いに隣り合って配置された鉄筋の純間隔をいう．

鉄筋のあきは，コンクリート構造物の打設施工時にコンクリートが鉄筋の周囲に確実にゆきわたり，鉄筋とコンクリートの付着力が十分発揮されるような間隔とする必要がある．

(1) 鉄筋の最小あきとスランプ

鉄筋のあきは，コンクリートの施工性を満足する必要があり，コンクリートの施工性に最も影響するコンクリートのスランプ値との関係から最小あきを照査する．表 7.2～7.4 にスラブ部材，柱部材，はり部材におけるスランプと鉄筋（鋼材）の最小あきの関係を示す．設計時にはこの表を用いて，コンクリートの配合に基づいて想定されるスランプを用いてコンクリートの施工性を満足することを照査する必要がある．

(2) 鉄筋の最小あきのその他の条件

① はりの軸方向鉄筋の水平あきは，20 mm 以上，粗骨材最大寸法の 4/3 倍以上かつ鉄筋直径以上とする．また，コンクリートの締固めの際に内部振動機を挿入できるだけの水平のあきを確保しなければならない．

2 段以上に軸方向鉄筋を配置する場合は，一般にその垂直のあきは，20 mm 以上かつ鉄筋直径以上とする（図 7.1 参照）．

② 柱の軸方向鉄筋のあきは，40 mm 以上，粗骨材最大寸法の 4/3 倍以上かつ鉄筋直径の 1.5 倍以上とする．

なお，直径 32 mm 以下の異形鉄筋を用いる場合で複雑な鉄筋の配置により十分な締固めが行えない場合，はりおよびスラブなどの水平の軸方向鉄筋は 2 本ずつを上下に束ね，柱および壁などの鉛直軸方向鉄筋は，2 本または 3 本ずつを束ねて配置してもよい（図 7.2 参照）．

③ 鉄筋の継手部（7.2.6 項参照）と隣接する鉄筋とのあきまたは継手部相互

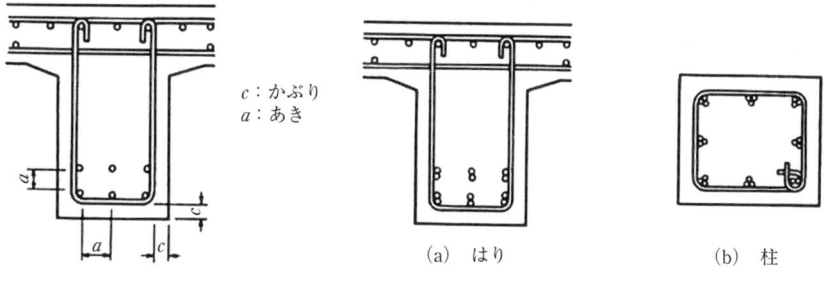

c：かぶり
a：あき

図 7.1 鉄筋のあきおよびかぶり

(a) はり (b) 柱

図 7.2 束ねて配置する鉄筋

表7.2 スラブ部材における打込みの最小スランプの目安（cm）[14]

鋼材量[a] (kg/m³)	鋼材の最小あき[b] (mm)	コンクリートの 投入間隔[b]	締固め作業高さ		
			0.5 m 未満	0.5 m 以上～1.5 m 未満	3 m 以下
100～150	100～150	任意の箇所から 投入可能	5	7	—
		2～3 m	—	—	10
		3～4 m	—	—	12

a) 鋼材量は100～150 kg/m³，鉄筋の最小あきは100～150 mm を標準とする．
b) コンクリートの落下高さは1.5 m以下を標準とする．

表7.3 柱部材における打込みの最小スランプの目安（cm）[14]

かぶり近傍の 有効換算鋼材量[a]	鋼材の最小あき	締固め作業高さ		
		3 m 未満	3 m 以上～5 m 未満	5 m 以上
700 kg/m³ 未満	50 mm 以上	5	7	12
	50 mm 未満	7	9	15
700 kg/m³ 以上	50 mm 以上	7	9	15
	50 mm 未満	9	12	15

a) かぶり近傍の有効換算鋼材量は，下図に示す領域内の単位容積あたりの鋼材量を表す．

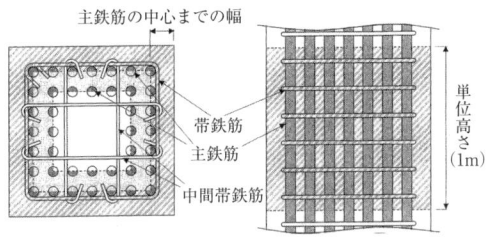

表7.4 はり部材における打込みの最小スランプの目安（cm）[14]

鋼材の最小あき	締固め作業高さ[a]		
	0.5 m 未満	0.5 m 以上～1.5 m 未満	1.5 m 以上
150 mm 以上	5	6	8
100 mm 以上～150 mm 未満	6	8	10
80 mm 以上～100 mm 未満	8	10	12
60 mm 以上～80 mm 未満	10	12	14
60 mm 未満	12	14	16

a) 締固め作業高さ別の対象部材例
・0.5 m 未満：小ばりなど，0.5以上1.5 m 未満：標準的なはり部材，1.5 m 以上：ディープビームなど．
・φ40 mm 程度の棒状バイブレータを挿入でき，十分に締め固められると判断できるか否かに基づいて打込みの最小スランプを選定する．
 (i) 十分な締固めが可能であると判断される場合は打込みの最小スランプを14 cm とする．
 (ii) 十分な締固めが不可能であると判断される場合は，高流動コンクリートを使用する．
・スランプが21 cm を超えるような場合，所要の材料分離抵抗性を確保し密実に充てんするために，高流動コンクリートを使用するのがよい．

のあきは，粗骨材の最大寸法以上とする．
④　鉄筋を配置したあとに継手を施工する場合は，継手施工用の器機などが挿入できるあきを確保しなければならない．

7.2.3　鉄筋の配置
(1)　軸方向鉄筋の配置
コンクリート部材では，軸方向力や曲げモーメントの影響の他に，コンクリートの収縮や温度勾配などによりひび割れが生じる可能性があるが，このひび割れを抑えるために最小鉄筋量が定められている．また，軸方向鉄筋があまりにも多いと，部材は脆性的な破壊を生じやすくなるため最大鉄筋量が定められている．

1) 最小鉄筋量
① 軸方向力の影響が支配的な鉄筋コンクリートの部材には，計算上必要なコンクリート断面積の0.8％以上の軸方向鉄筋を配置する．
② 耐力上必要な断面より大きなコンクリート断面の場合でも，コンクリート断面積の0.15％以上の軸方向鉄筋を配置する．
③ 曲げモーメントの影響が支配的な棒部材の引張鉄筋比は，0.2％以上を原則とする．ただし，T形断面の場合は，0.3％以上とする．

2) 最大鉄筋量
① 軸方向力の影響が支配的な鉄筋コンクリートの部材の軸方向鉄筋量は，コンクリート断面積の6％以下とする．
② 曲げモーメントの影響が支配的な棒部材の軸方向引張鉄筋量は，釣合い鉄筋比の75％以下とする．

3) 配　置
部材には，荷重によるひび割れを制御するための鉄筋のほかに，必要に応じて温度変化，収縮などによるひび割れを制御するための用心鉄筋を配置する．用心鉄筋については，7.3.3項を参照する．

(2)　横方向鉄筋の配置
横方向鉄筋は，おもに部材のせん断に対する耐力を確保するために配置される．棒部材に配置するスターラップとおもに柱部材に配置される帯鉄筋がある．

1) スターラップの配置
① 設計計算上，せん断補強鉄筋が不要とされる場合でも，部材が急激な破壊

にいたるのを防ぐために，0.15％以上のスターラップを部材全長にわたって配置する．また，その間隔は部材有効高さの3/4倍以下，かつ400 mm以下とする．

最小鉛直スターラップ量（A_{wmin}）は次式で算出する．

$$A_{wmin}/(b_w s)=0.0015 \qquad (7.2)$$

ここに，b_w：腹部幅，s：スターラップの配置間隔．

② 棒部材において計算上せん断補強鉄筋が必要な場合には，スターラップの間隔は部材有効高さの1/2倍以下で，かつ300 mm以下とする．

2) **帯鉄筋の配置**（図7.3参照）

① 帯鉄筋の部材軸方向の間隔は，一般に軸方向鉄筋の直径の12倍以下で，かつ部材断面の最小寸法以下とする．ヒンジとなる領域は，軸方向鉄筋の直径の12倍以下で，かつ部材断面の最小寸法の1/2倍以下とする．また，帯鉄筋は，原則として軸方向鉄筋を取り囲むように配置する．

② 矩形断面で帯鉄筋を用いる場合には，帯鉄筋の1辺の長さは帯鉄筋直径の48倍以下かつ1 m以下となるように配置する．

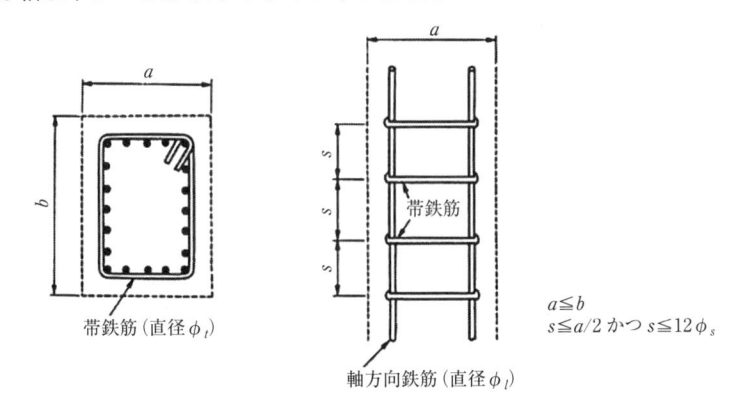

図7.3 軸方向鉄筋すべてを取り囲んで配置する帯鉄筋の間隔[1]

7.2.4 鉄筋の曲げ形状

鉄筋コンクリート構造部材の内部鉄筋には，一般に引張力が作用するため，鉄筋は引き抜き抵抗力を増すために端部を折り曲げて使用する場合がある．このような場合，鉄筋径に比して曲げ半径が小さすぎると折り曲げ部の鉄筋の材質を傷めたり，局部的にコンクリートに大きな圧縮応力が生じるおそれがある．そのた

め，土木学会示方書では，鉄筋の曲げ形状を以下のように定めている．

(1) 標準フック

標準フックとして，半円形フック，鋭角フック，直角フックがある（図7.4）．

① 半円形フックは，鉄筋の端部を半円形に180°折り曲げ，半円形の端から鉄筋直径の4倍以上で60 mm以上まっすぐ延ばしたものとする．

② 鋭角フックは，鉄筋の端部を135°折り曲げ，折り曲げ位置から鉄筋直径の6倍以上で60 mm以上まっすぐ延ばしたものとする．

③ 直角フックは，鉄筋の端部を90°折り曲げ，折り曲げ位置から鉄筋直径の12倍以上まっすぐ延ばしたものとする．

半円形フック（普通丸鋼および異形鉄筋）　　鋭角フック（異形鉄筋）　　直角フック（異形鉄筋）

ϕ：鉄筋直径　　r：鉄筋の曲げ内半径

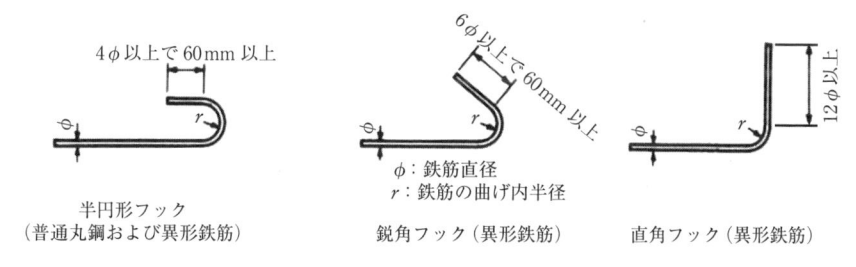

図7.4　鉄筋端部の標準フックの形状[1]

(2) 軸方向鉄筋の標準フック

軸方向引張鉄筋に普通丸鋼を用いる場合には，必ず半円形フックを設けなければならない．そのときのフックの曲げ半径は，表7.5の値以上とする．

表7.5　フックの曲げ半径[1]

種類		曲げ内半径（r）	
		軸方向鉄筋	スターラップおよび帯鉄筋
普通丸鋼	SR235	2.0ϕ	1.0ϕ
	SR295	2.5ϕ	2.0ϕ
異形棒鋼	SD295A, B	2.5ϕ	2.0ϕ
	SD345	2.5ϕ	2.0ϕ
	SD390	3.0ϕ	2.5ϕ
	SD490	3.5ϕ	3.0ϕ

(3) スターラップおよび帯鉄筋の標準フック

スターラップ，帯鉄筋およびフープ鉄筋は，その端部に標準フックを設けなければならない．どのフックを用いるかは，丸鋼か異形鉄筋かで異なり，以下のよ

うにする．

① 普通丸鋼をスターラップおよび帯鉄筋に用いる場合は，半円形フックとしなければならない．
② 異形鉄筋をスターラップに用いる場合は，直角フックまたは鋭角フックとし，帯鉄筋に用いる場合は，原則として半円形フックまたは鋭角フックを設けるものとする．
③ スターラップおよび帯鉄筋のフックの曲げ内半径は，表7.5の値以上とする．ただし，$\phi \leq 10$ mmのスターラップの曲げ半径は，1.5ϕでよい（ϕは鉄筋直径）．

(4) その他の鉄筋

ここでは，折曲鉄筋，ハンチ・ラーメン構造の隅角部などの鉄筋配置について述べる．

① 折曲鉄筋は図7.5に示すもので，その曲げ内半径は，鉄筋直径の5倍以上でなければならない．ただし，コンクリート部材の側面から$2\phi+20$ mm以内にある鉄筋を折曲鉄筋として用いる場合には，曲げ内半径を鉄筋直径の

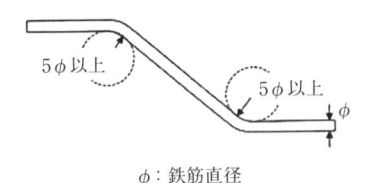

図7.5 折曲鉄筋の曲げ内半径[1]

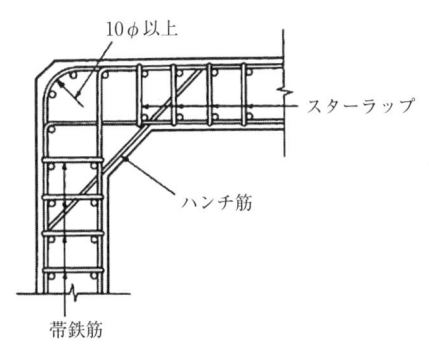

図7.6 ハンチ，ラーメンの隅角部の鉄筋[1]

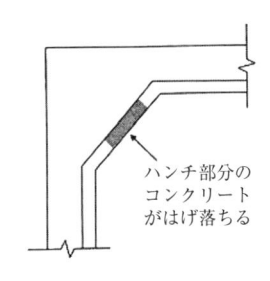

図7.7 ハンチ部分の不適切な鉄筋[1]

7.5 倍以上としなければならない．これは，曲げ内半径が小さいと内部コンクリートに大きな支圧応力が生じ，コンクリートが部分圧壊するおそれがあるからである．

② ラーメン構造の隅角部の外側に沿う鉄筋の曲げ内半径は，**図 7.6** のように鉄筋直径の 10 倍以上でなければならない．一方，ハンチまたは隅角部の内側に沿う鉄筋は，**図 7.7** のようにスラブまたははりの引張りを受ける鉄筋を曲げたものとせず，図 7.6 のようにハンチの内側に沿って別の直線の鉄筋を配置する．

7.2.5 鉄筋の定着

鉄筋コンクリートにおいては，外力に対し鉄筋とコンクリートが一体となって作用する必要があり，そのためには，鉄筋の定着が適切であることがきわめて重要である．

(1) 一般的事項

① 鉄筋端部はコンクリート中に十分埋め込んで，鉄筋とコンクリートとの付着力によって定着するか，標準フックを付けて定着するか，または定着具などを取り付けて機械的に定着する．

② 鉄筋とコンクリートとの付着力または標準フックを付けて定着する場合，標準フックの有無およびその形状は，7.2.4 項の(1)に従い，定着長は，7.2.5 項の(2)によって算定する．

③ 軸方向鉄筋の定着は，定着する領域の鉄筋の状態，部材の特性を考慮して定着しなければならない．

(2) 鉄筋の定着長

鉄筋の定着長 l_0 は，つぎに示す基本定着長を，その使用状態によって修正して定める．

1) 鉄筋の基本定着長

鉄筋の基本定着長 l_d は，次式により計算した値を ①～③ に従って補正した値とする．ただし，補正した l_d は 20ϕ 以上とする．

$$l_d = \alpha \frac{f_{yd}}{4f_{bod}} \phi \tag{7.3}$$

ここに，ϕ：鉄筋の直径，f_{yd}：鉄筋の設計降伏引張強度，f_{bod}：コンクリート

の設計付着強度で，γ_c を 1.3 として，JIS G 3113 の規定を満足する異形鉄筋については $f_{bod}=0.28f_{ck}'^{(2/3)}$ より求めてよい．普通丸鋼の場合は半円形フックを設け，異形鉄筋の場合の 40 % とする．ただし，$f_{bod}\leq 3.2\,\mathrm{N/mm^2}$ とする．

$$\alpha=1.0 \quad (k_c\leq 1.0 \text{ の場合})$$
$$\alpha=0.9 \quad (1.0<k_c\leq 1.5 \text{ の場合})$$
$$\alpha=0.8 \quad (1.5<k_c\leq 2.0 \text{ の場合})$$
$$\alpha=0.7 \quad (2.0<k_c\leq 2.5 \text{ の場合})$$
$$\alpha=0.6 \quad (2.5<k_c \text{ の場合})$$

ここに，$k_c=c/\phi+15A_t/(s\phi)$

c：鉄筋の下側のかぶりの値と定着する鉄筋のあきの半分の値のうちの小さい方，A_t：仮定された割裂破壊断面に垂直な横方向の鉄筋の断面積，s：横方向鉄筋の中心間隔．

① 引張鉄筋の基本定着長 l_d は，上式による算定値とする．ただし，標準フックを設ける場合は，この算定値から 10ϕ だけ減じてよい．

② 圧縮鉄筋の基本定着長 l_d は，上式による算定値の 0.8 倍とする．ただし，標準フックを設ける場合でも，これ以上減じてはならない．

③ 定着を行う鉄筋がコンクリートの打込みの際に，打込み終了面から 300 mm の深さより上方の位置で，かつ水平から 45°以内の角度で配置されている場合は，引張鉄筋または圧縮鉄筋の基本定着長は，①，②で算定される値の 1.3 倍とする．

2) 定着長の取り方

① 鉄筋の定着長 l_0 は，基本定着長 l_d 以上とする．なお，配置された鉄筋量 A_s が計算上必要な鉄筋量 A_{sc} よりも大きい場合，次式によって定着長 l_0 を低減してよい．

$$l_0\geq l_d\cdot(A_{sc}/A_s) \tag{7.4}$$

ただし，$l_0\geq l_d/3$，$l_0\geq 10\phi$ （ϕ：鉄筋直径）

② 定着部が曲がった鉄筋の定着長は，以下のとおりとする（図 7.8）．

・曲げ内半径が鉄筋直径の 10 倍以上の場合は，折り曲げ部も含み鉄筋の全長を有効とする．

・曲げ内半径が鉄筋直径の 10 倍未満の場合は，折り曲げてから鉄筋直径の 10 倍以上まっすぐに延ばしたときに限り，直線部分の延長と折り曲げ後の

7.2 鉄筋に関する構造細目

φ：鉄筋直径，l'：定着長として有効とする範囲
r：曲げ内半径

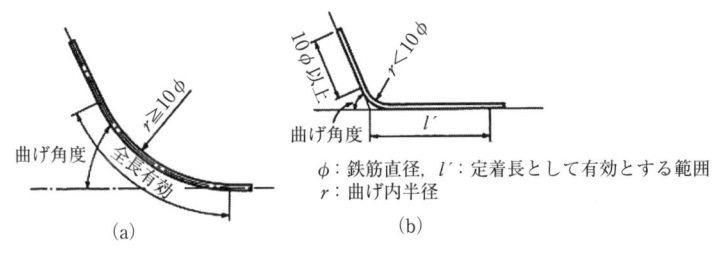

図7.8 定着部が曲がった鉄筋の定着長[1]

直線部の延長との交点までを定着長として有効とする．

3) 各種鉄筋の定着および定着長の取り方

① スラブまたははりの正鉄筋（曲げモーメントが正（＋）となる部分の主鉄筋）の少なくとも1/3は，これを曲げ上げないで支点を超えて定着する．負鉄筋（曲げモーメントが負（−）となる部分の主鉄筋）の少なくとも1/3は，反曲点を超えて延長し，圧縮側で定着するか，つぎの負鉄筋と連続させて配置する．

② 折曲鉄筋は，その延長を正鉄筋または負鉄筋として用いるか，折曲鉄筋部を圧縮側のコンクリートに定着する．

③ 曲げ部材における軸方向引張鉄筋の定着長は，つぎの次項によることとする．ここに，l_sは部材の有効高さとしてよい．

・曲げモーメントが極値をとる断面からl_sだけ離れた位置を起点として，低減定着長l_0以上の定着長をとる．

・計算上鉄筋の一部が不要となる断面で折曲鉄筋とする場合は，曲げモーメントに対して計算上鉄筋の一部が不要となる断面から，曲げモーメントが小さくなる方向へl_0だけ離れた位置で折り曲げる．

・折曲鉄筋をコンクリートの圧縮部に定着する場合の定着長は，フックを設けない場合は15φ以上，フックを設けた場合は10φ以上とする（φは鉄筋直径）．

・引張鉄筋は，引張応力を受けないコンクリートに定着することを原則とする．ただし，つぎの(a)あるいは(b)のいずれかを満足する場合は，引張応力を受けるコンクリートに定着してもよいが，この場合の引張鉄筋の定着長は計算上不要となる断面から(l_d+l_0)だけ余分に延ばさなければならない（l_dは基本定着長）．

(a) 鉄筋切断点から計算上不要となる断面までの区間では，設計せん断耐力が設計せん断力の1.5倍以上ある．
(b) 鉄筋切断部での連続鉄筋による設計曲げ耐力が設計曲げモーメントの2倍以上あり，かつ切断点から計算上不要となる断面までの区間で，設計せん断耐力が設計せん断力の4/3倍以上ある．

④ スラブまたははりの正鉄筋を支点を超えて定着する場合，その鉄筋は支承の中心からl_sだけ離れた断面位置の鉄筋応力に対する低減定着長l_0以上を支承の中心からとり，さらに部材端部まで延ばさなければならない．

⑤ スターラップは，正鉄筋または負鉄筋を取り囲み，その端部を圧縮側のコンクリートに定着する（図7.9参照）．

⑥ 帯鉄筋およびフープ鉄筋の端部には，軸方向鉄筋を取り囲んだ半円形フックまたは鋭角フックを設ける（図7.10参照）．

⑦ らせん鉄筋は，1巻半余分に巻き付けてらせん鉄筋に取り囲まれたコンクリート中に定着する．ただし，塑性ヒンジ領域では，その端部を重ねて2巻き以上とする．

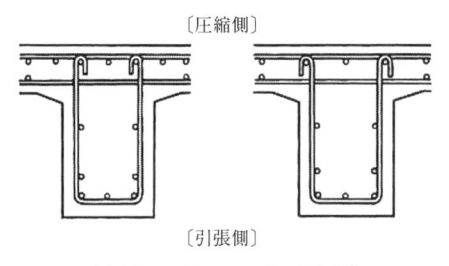

図7.9 スターラップの定着部[1]

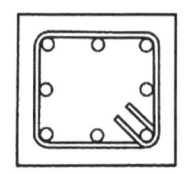

図7.10 帯鉄筋の定着部の形状[1]

7.2.6 鉄筋の継手

(1) 一般的事項

① 鉄筋の継手は，鉄筋の種類，直径，応力状態，継手位置などに応じて選定しなければならない．
② 鉄筋の継手位置は，できるだけ応力の大きい断面を避ける．
③ 継手位置は，同一断面に集めないことを原則とする．継手位置を軸方向に相互にずらす距離は，継手の長さに鉄筋直径の25倍を加えた長さ以上を標

④ 重ね継手を用いる場合，重ね合わせ長さは7.2.5項に示す基本定着長に基づいて定める．

⑤ 重ね継手以外の継手を用いる場合には，構造物の種類，載荷の状態，鉄筋の配置，継手位置の応力状態などに応じて，継手としての所要の性能を満足するものとする．

(2) 軸方向鉄筋の継手

① 配置する鉄筋量が計算上必要な鉄筋量の2倍以上，かつ同一断面での継手の割合が1/2以下の場合には，重ね継手の重ね合わせ長さは基本定着長 l_d 以上としなければならない．

② ①の条件のうち一方が満足されない場合には，重ね合わせ長さは基本定着長 l_d の1.3倍以上とし，継手部を横方向鉄筋で補強する．

③ ①の条件の両方が満足されない場合には，重ね合わせ長さは基本定着長 l_d の1.7倍以上とし，継手部を横方向鉄筋で補強する．

④ 重ね継手の重ね合わせ長さは，鉄筋直径の20倍以上とする．

⑤ 重ね継手部の帯鉄筋および中間帯鉄筋の間隔は，**図7.11**に示すように100 mm以下とする．

⑥ 水中コンクリート構造物の重ね合わせ長さは，原則として鉄筋直径の40

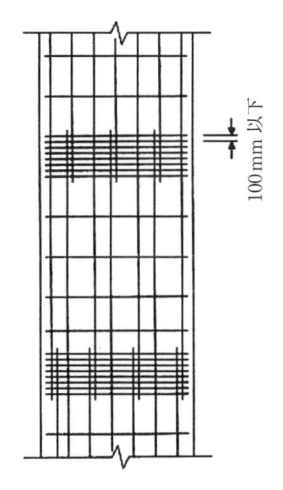

図7.11 重ね継手部の帯鉄筋の間隔[1]

倍以上とする．

⑦　重ね継手は，地震の際の繰り返し応力などで生じるヒンジ領域では用いてはならない．

(3)　横方向鉄筋の継手

①　スターラップには，原則として重ね継手を用いてはならない．ただし，大断面の部材などでやむを得ない場合は，重ね合わせ長さは基本定着長 l_d の2倍以上，もしくは基本定着長 l_d をとり端部に直角フックまたは鋭角フックを設けて重ね継手を用いてもよい．

②　帯鉄筋に継手を設ける場合には，帯鉄筋に全強を伝えることができる継手で接合し，原則として継手位置がそろわないように相互にずらさなければならない．

7.3　その他の構造細目

7.3.1　面取り

コンクリート部材のかどは，凍害を受けたり，物がぶつかったりして壊れやすいので，図7.12に示すような面取りをしなければならない．特に，寒冷地，気象作用の激しいところでは大きい面取りをする．

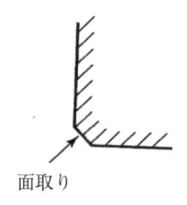

図7.12　面取りの一例

7.3.2　露出面の用心鉄筋

コンクリートの収縮および温度変化などによる有害なひび割れを防ぐため，広い露出面を有するコンクリートの表面には露出面近くに用心鉄筋を配置する．用心鉄筋は，その間隔が小さいほどひび割れ発生を低減するのに有効であるから，細い鉄筋を小間隔に配置するのがよい．擁壁などでは壁の露出面に近く，水平方

向に壁の高さ1mあたり500 mm^{2}以上の断面積の鉄筋を中心間隔が300 mm以下に配置するのがよい．

7.3.3 開口部周辺の補強

スラブ，壁などの開口部の周辺には，応力集中その他によるひび割れに対して，補強のための用心鉄筋を配置しなければならない（図7.13参照）．

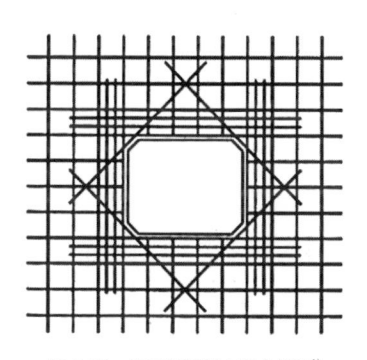

図7.13 開口部周辺の用心鉄筋[1]

7.3.4 打　継　目

打継目は構造物の強度や耐久性の面で，弱点となりやすい部分である．このため以下の事項を考慮して定めなければならない．
① 打継目は，できるだけせん断力の小さい位置に設け，打継面を部材の圧縮力の作用方向と直角にするのを原則とする．
② 外来塩分による被害を受けるおそれのある海洋構造物などにおいては，打継目をできるだけ設けないのがよい．
③ 水密性を要求されるコンクリートにおいては，所要の水密性が得られるように適切な間隔で打継目を設けなければならない．

7.3.5 伸縮継目

コンクリート構造物において，温度あるいは湿度の変化によって起こる変形が拘束されたり，その変形が同一断面内で一様でない場合には，大きな応力が起こりひび割れを発生することがある．伸縮継目はこのようなひび割れ発生を防ぐの

に最も有効なように，また構造物の伸縮その他による移動がなるべく自由にできるように，その位置および構造を定める．各種伸縮継目の構造を**図7.14**に示す．

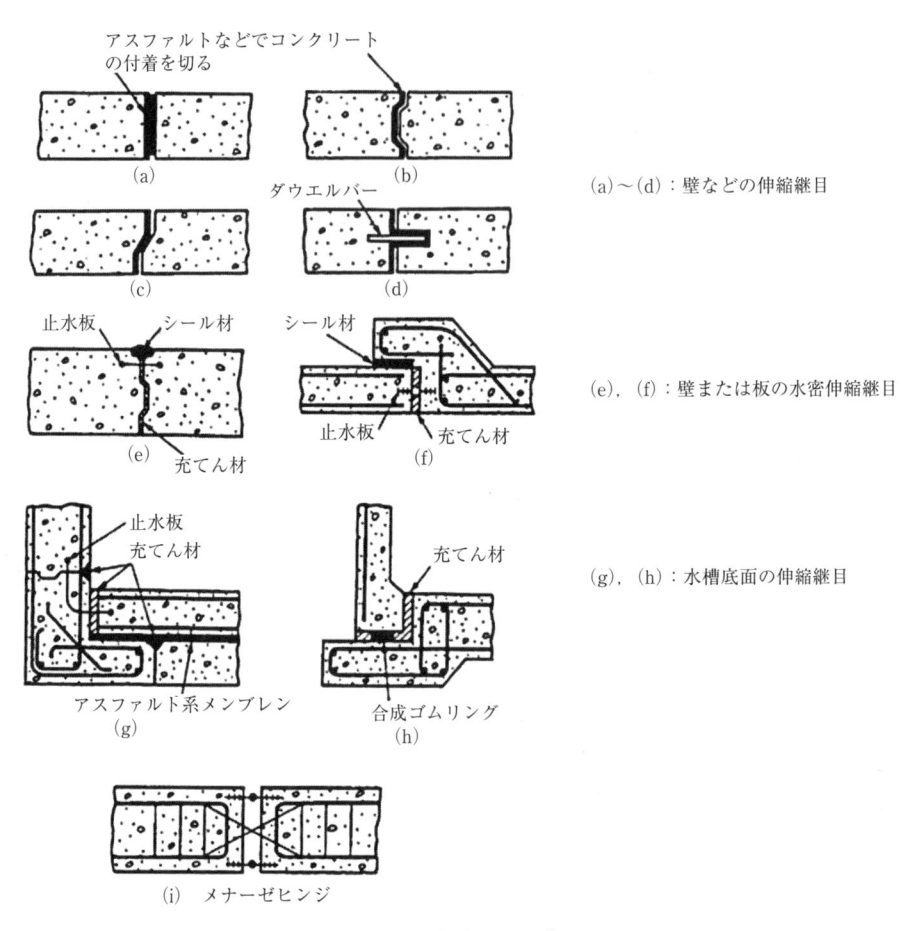

(a)～(d)：壁などの伸縮継目

(e)，(f)：壁または板の水密伸縮継目

(g)，(h)：水槽底面の伸縮継目

図7.14　各種伸縮継目[1]

7.3.6　ひび割れ誘発目地

コンクリート構造物には，セメントの水和熱や外気温などによる温度変化，乾燥収縮など外力以外の要因による変形が生じることがあり，このような変形が拘束されるとひび割れが発生することがある．このため，あらかじめ定められた位置にひび割れを集中させる目的で所定の間隔に断面欠損部を設けておき，ひび割

れを人為的に生じさせるひび割れ誘発目地を設ける場合がある．ひび割れ誘発目地を設ける場合は，構造物の強度および機能を害さないように，その構造および位置を定めなければならない．図7.15に示すように一般には，誘発目地の間隔はコンクリート部材の高さの1〜2倍程度とし，その断面欠損率は30〜50％とするのがよい．

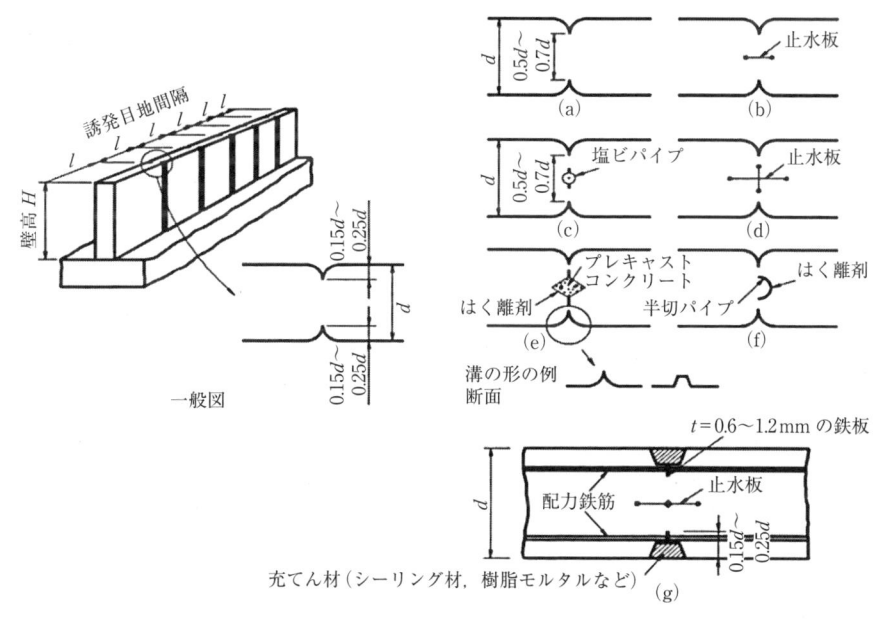

図7.15 ひび割れ誘発目地の例[1]

7.3.7 水密構造

水密性を要する鉄筋コンクリート構造物には，有害なひび割れが発生するのを防ぐように，配筋，打継目および収縮目地の間隔および配置などを定めなければならない．目地や打継目には止水板などを設置して，水密性を保てるように設計しなければならない．

7.3.8 コンクリート表面の保護

① すりへり，劣化，衝撃などの激しい作用を受けるコンクリート部分を耐久的にするためには，木材，良質な石材，鋼板などの材料でコンクリートの表

面を保護する必要がある．作用があまり激しくない場合は，かぶりを 10 mm 以上増厚することで対処してよい．

② 塩害，凍害，化学的腐食などの環境作用を受ける部分には，高分子材料などの適切な材料でコンクリート表面を保護する．

7.3.9 ハンチ

ラーメン部材の接合部，固定スラブおよび固定ばりの支承部，連続ばりの支承部などには，ハンチを設けることを原則とする．ただし，ハンチ部分の断面の検討における部材の有効高さは，ハンチを考えてこれを定めてよいが，この場合は，一般に，ハンチは 1：3 より緩やかな傾きの部分だけを有効とする．

第 7 章の演習問題

［演習問題 7.1］
単鉄筋長方形断面の鉄筋コンクリートはりの断面算定を行った結果，断面の幅を 400 mm，有効高さを 700 mm とすると，必要な引張鉄筋の総断面積は 3000 mm^2 であった．土木学会示方書の鉄筋のあきおよびかぶりの規定を考慮して鉄筋の径，本数，鉄筋の配置を決定し，図示せよ．ただし，この鉄筋コンクリート構造物の建設場所は，一般的な環境であり，施工誤差は 10 mm である．また，普通ポルトランドセメントを使用し，水セメント比は 50 %，粗骨材の最大寸法は 25 mm とする．なお，本問題ではスターラップは考慮しなくてよい．

文　献

1) 土木学会：2007 年制定 コンクリート標準示方書（設計編），2008
2) 土木学会：2002 年制定 コンクリート標準示方書（構造性能照査編），2002
3) 日本道路協会：道路橋示方書（I 共通編・III コンクリート橋編）・同解説，2002
4) 日本コンクリート工学協会：コンクリート技術の要点 2008，2008
5) 土木学会：2005 年制定 コンクリート標準示方書（規準編），2005
6) 徳田　弘，伊藤　勉：コンクリートの熱拡散率，熱伝導率および比熱について．電力中央研究所，技術研究所報告（土木・63014），1964
7) 後藤幸正，尾坂芳夫：ネビルのコンクリートの特性，pp.370-373，技報堂出版，1979
8) Bazant, Z. P. and Wittman, F. H. : Creep and Shrinkage in Concrete Structures, pp.129-162, John Wiley & Sons, 1982
9) ACI Committee 207 Effect of Restraint, Volume Change and Reinforcement on Cracking of Massive Concrete, *ACI Journal*, Vol.70, 1973
10) Comite Euro-International du Beton, CEB-FIP Model Code 1990, 1991
11) 田辺忠顕編著，溝渕利明，中村　光，石川靖晃，伊藤睦著：初期応力を考慮した RC 構造物の非線形解析法とプログラム，pp.3-164，技報堂出版，2004
12) 岡村　甫：コンクリート構造の限界状態設計法（コンクリート・セミナー 4），共立出版，1988
13) ACI-ASCE Task Committee 426 : The Shear Strength of Reinforced Concrete Members, Proc. of ACSE, St. Div., Vol.99, No.ST6, 1973
14) 土木学会：2007 年制定 コンクリート標準示方書（施工編），2008

以下の図書も執筆にあたり参考にした．
　太田　実，鳥居和之，宮里心一：鉄筋コンクリート工学，森北出版，2004
　岡田　清，伊藤和幸，不破　昭，平沢征夫：鉄筋コンクリート工学，鹿島出版会，1998
　加藤清志，河合　糺，加藤直樹：鉄筋コンクリート工学，共立出版，1999
　村田二郎編著，國府勝郎，越川茂雄：入門鉄筋コンクリート工学，技報堂出版，2008

演習問題の解答

第3章

[演習問題 3.1 の解答]

(1) この鉄筋の降伏時について計算するので，
- 応力＝降伏強度＝345 N/mm²，（SD345 を使用）
- 降伏時のひずみ＝降伏強度／ヤング係数＝345(N/mm²)/200(kN/mm²)
  ＝345(N/mm²)/200000(N/mm²)＝0.00173＝1.73×10⁻³
- 荷重＝応力（強度）×断面積＝345 N/mm²×10 cm²＝345 N/mm²×1000 mm²
  ＝330027 N≒330 kN
- 伸び量＝全体の長さ×ひずみ＝1000 mm×0.00173＝1.73 mm

(2) D19 の断面積＝286.5 mm²

$\sigma_s = E_s \varepsilon$　　$E_s = 200$ kN/mm²

	引張荷重	応力	ひずみ
長さ 100 cm	28.7 kN	100 N/mm²	5×10^{-4}
長さ 200 cm	14.3 kN	50 N/mm²	2.5×10^{-4}

(3) $\sigma = \dfrac{500 \text{ kN}}{20 \times 20 \text{ cm}^2} = 1.25$ kN/cm² ＝12.5 N/mm²　（弾性解析であり，圧縮強度は不必要）

$\delta = \varepsilon l = \dfrac{\sigma}{E_c} l = \dfrac{12.5 \text{ N/mm}^2}{30 \times 10^3 \text{ N/mm}^2} \times 1000$ mm ＝0.417 mm　　（縮み量）

[演習問題 3.2 の解答]

作用する中心軸圧縮荷重を N として，軸方向鉄筋が負担する圧縮力を N_s，コンクリートが負担する圧縮力を N_c とすると，次式が成り立つ．

$$N = N_c + N_s$$

中心軸圧縮荷重を受ける鉄筋コンクリート部材は，軸方向鉄筋とコンクリートに生じる圧縮ひずみは等しい．この場合，軸方向鉄筋に発生する圧縮応力度 σ_s は以下のようになる．

$$\sigma_s = \varepsilon_s E_s = 200 \times 10^{-6} \times 200 \times 10^3 = 40 \text{ N/mm}^2$$

ここで，σ_s：軸方向鉄筋の圧縮応力度（N/mm²），ε_s：軸方向鉄筋の圧縮ひずみ，E_s：軸方向鉄筋のヤング係数（N/mm²）．

したがって，鉄筋が負担する圧縮力 N_s は以下のようになる．

$$N_s = A_s \sigma_s = 1000 \times 40 = 40 \text{ kN}$$

ここで，A_s：軸方向鉄筋の断面積（mm^2）．

一方，コンクリートが負担する圧縮力は，以下の値となる．

$$N_c = N - N_s = 200 - 40 = 160 \text{ kN}$$

コンクリートの圧縮応力度を σ_c（N/mm^2）とすれば，$N_c = A_c \sigma_c$ となる．

$$\therefore \sigma_c = N_c / A_c = 160 \times 10^3 / 45000 = 3.56 \text{ N/mm}^2$$

ここで，A_c：コンクリートの断面積（mm^2）．

[演習問題 3.3 の解答]

コンクリートを自由に収縮させると ε_{sh}' 収縮するとすれば，この収縮で圧縮される鉄筋がもとの長さに戻ろうとする力でコンクリートを伸ばそうとする．この相反する力が釣り合ったところが，鉄筋コンクリートが収縮を受けた状態となる．

$$\therefore \varepsilon_{sh}' = \varepsilon_c + \varepsilon_s' = 600\mu$$

したがって，A_c, A_s, E_c, E_s および ε_{sh}' が与えられると，コンクリートおよび鉄筋の応力度は以下となる．

$$\varepsilon_s' = \frac{\varepsilon_{sh}'}{1+np} = \frac{600 \times 10^{-6}}{1 + \frac{3098}{160000} \times \frac{200000}{24000}} = 516.6 \times 10^{-6} = 517 \times 10^{-6}$$

$$\varepsilon_c = \frac{A_s}{A_c} \cdot \frac{E_s}{E_c} \cdot \varepsilon_s' = p \cdot n \cdot \varepsilon_s' = \frac{3098}{160000} \times \frac{200000}{24000} \times 517 \times 10^{-6} = 83 \times 10^{-6}$$

$$\sigma_s' = \frac{\varepsilon_{sh}' E_s}{1+np} = \frac{600 \times 10^{-6} \times 200000}{1 + 0.161} = 103 \text{ N/mm}^2$$

$$\sigma_c = \frac{np\varepsilon_{sh}' E_c}{1+np} = \frac{0.161 \times 600 \times 10^{-6} \times 24000}{1 + 0.161} = 2.00 \text{ N/mm}^2$$

$$\delta = 517 \times 10^{-6} \times 2000 = 1.03 \text{ mm}$$

第 4 章

[演習問題 4.1 の解答例]

第 3 章の表 3.1 より，$f_{ck}' = 30 \text{ N/mm}^2$ に対応するヤング係数は $E_c = 28 \text{ kN/mm}^2$ であるので $n = E_s / E_c = 200/28 = 7.14$ となる．$A_s = 8\text{D}22 = 3097 \text{ mm}^2$

$$x = \frac{nA_s}{b}\left(-1 + \sqrt{1 + \frac{2bd}{nA_s}}\right) = \frac{7.14 \times 3097}{450} \times \left(-1 + \sqrt{1 + \frac{2 \times 450 \times 750}{7.14 \times 3097}}\right) = 226.8 \text{ mm}$$

コンクリートの圧縮縁における圧縮応力度 σ_c' および鉄筋の引張応力度 σ_s は以下のとおりである．

$$\sigma_c' = \frac{2M}{bx\left(d - \frac{x}{3}\right)} = \frac{2 \times 300 \times 10^6}{450 \times 226.8 \times \left(750 - \frac{226.8}{3}\right)} = 8.72 \text{ N/mm}^2$$

$$\sigma_s = \frac{M}{A_s\left(d-\dfrac{x}{3}\right)} = \frac{300 \times 10^6}{3097 \times \left(750 - \dfrac{226.8}{3}\right)} = 143.6 \text{ N/mm}^2$$

[演習問題 4.2 の解答例]

第3章の表3.1より，$f_{ck}'=24$ N/mm^2 に対応するヤング係数は $E_c=25$ kN/mm^2 であるので $n=E_s/E_c=200/25=8$ となる．$A_s=5\text{D}22=1935$ mm^2, $A_s'=2\text{D}22=774$ mm^2

$x = [8 \times (1935+774)/300]$
$\quad + \sqrt{\{8 \times (1935+774)/300\}^2 + (2 \times 8/300) \times (1935 \times 650 \times 774 \times 100)}$
$= 409$ mm

コンクリートの圧縮縁における圧縮応力度 σ_c'，引張鉄筋の応力度 σ_s および圧縮鉄筋の応力度 σ_s' は以下のとおりである．

$$\sigma_c' = \frac{2 \times 180 \times 10^6}{300 \times 409 \times (650-409/3) + 2 \times 8 \times 774 \times \{(409-100) \times (650-100) \times 409\}}$$
$= 4.15$ N/mm^2

$\sigma_s = 8 \times 4.15 \times (650-409)/409 = 19.6$ N/mm^2

$\sigma_s' = 8 \times 4.15 \times (409-100)/409 = 25.1$ N/mm^2

[演習問題 4.3 の解答例]

第3章の表3.1より，$f_{ck}'=24$ N/mm^2 に対応するヤング係数は $E_c=25$ kN/mm^2 であるので $n=E_s/E_c=200/25=8.0$ となる．$A_s=16\text{D}29=10278$

$x = k \cdot d = \{(1600 \times 150^2/2) + 8 \times 10278 \times 550\}/(1600 \times 150 + 8 \times 10278) = 196$ mm

∴ $t=150$ mm $< x=196$ mm より T 形断面として計算する．

$I_i = (1/3) \times 1600 \times \{196^3 - (196-150)^3\} + 8 \times 10278 \times (550-196)^2 = 4611 \times 10^7$ mm^4

コンクリートの圧縮縁における圧縮応力度 σ_c' および鉄筋の引張応力度 σ_s は以下のとおりである．

$\sigma_c' = (1000 \times 10^6/4611 \times 10^7) \times 196 = 4.25$ N/mm^2

$\sigma_s = 8 \times (1000 \times 10^6/4611 \times 10^7) \times (550-196) = 61.4$ N/mm^2

[演習問題 4.4 の解答例]

曲げモーメントが最大となるスパン中央について検討する．スパン中央における曲げモーメント M は以下のように算出される．

$$M = \frac{F}{2} \times \frac{L}{2} = \frac{200 \text{ kN}}{2} \times \frac{6 \text{ m}}{2} = 300 \text{ kN·m} = 300 \times 10^6 \text{ N·mm}$$

本問題では，許容応力度設計法を適用するので，ヤング係数比 n は 15 とする．よっ

て，断面の圧縮縁から中立軸までの距離 x は以下のように算出される．

$$x = \frac{nA_s}{b}\left(-1 + \sqrt{1 + \frac{2bd}{nA_s}}\right) = \frac{15 \times 3097}{450} \times \left(-1 + \sqrt{1 + \frac{2 \times 450 \times 750}{15 \times 3097}}\right) = 303.6 \text{ mm}$$

コンクリートの圧縮縁における圧縮応力度 σ_c' および鉄筋の引張応力度 σ_s は以下のとおりである．

$$\sigma_c' = \frac{2M}{bx\left(d - \frac{x}{3}\right)} = \frac{2 \times 300 \times 10^6}{450 \times 303.6 \times \left(750 - \frac{303.6}{3}\right)} = 6.77 \text{ N/mm}^2$$

$$\sigma_s = \frac{M}{A_s\left(d - \frac{x}{3}\right)} = \frac{300 \times 10^6}{3097 \times \left(750 - \frac{303.6}{3}\right)} = 149 \text{ N/mm}^2$$

コンクリートの設計基準強度は $f_{ck}' = 30 \text{ N/mm}^2$ であるので許容曲げ圧縮応力度 σ_{ca}' は 11 N/mm² である．また鉄筋 SD345 の許容引張応力度 σ_{sa} は，一般の場合は 196 N/mm² である．本問題で算出したコンクリートの応力度 σ_c' および鉄筋の応力度 σ_s を，許容応力度と比較すると $\sigma_c' = 6.77 \text{ N/mm}^2 \leqq \sigma_{ca}'$ および $\sigma_s = 149 \text{ N/mm}^2 \leqq \sigma_{sa}$ であり，いずれも許容応力度以下になっている．したがってこの鉄筋コンクリートは $F = 200 \text{ kN}$ のとき安全であるといえる．

[別解] $p = A_s/bd = 0.0092$ であるので，表 4.1 より，$k = 0.405$, $j = 0.865$ となる．したがって，σ_c' および σ_s は以下のように算出される．

$$\sigma_c' = \frac{2M}{kjbd^2} = \frac{2 \times 300 \times 10^6}{0.405 \times 0.865 \times 450 \times 750^2} = 6.77 \text{ N/mm}^2$$

$$\sigma_s = \frac{M}{pjbd^2} = \frac{300 \times 10^6}{0.0092 \times 0.865 \times 450 \times 750^2} = 149 \text{ N/mm}^2$$

[演習問題 4.5 の解答例]

曲げモーメントが最大となる固定端（支点位置）について検討する．固定端における曲げモーメント M は以下のように算出される．

$M = 200 \text{ kN} \times 3 \text{ m} = 600 \text{ kN·m}$

これは，問題 4.4 で求めた曲げモーメント 300 kN·m の 2 倍である．本問題では，断面の形状・寸法および鉄筋量は問題 4.4 と同じなので，上縁から中立軸までの距離 x も問題 4.4 と同じである．したがって，M が 2 倍であれば σ_c' および σ_s も 2 倍となる．

$\sigma_c' = 6.77 \times 2 = 13.5 \text{ N/mm}^2$

$\sigma_s = 149 \times 2 = 298 \text{ N/mm}^2$

σ_c' および σ_s を許容応力度と比較すると，いずれも許容応力度より大きい．よって，この鉄筋コンクリートは $F = 200 \text{ kN}$ のとき安全とはいえない．

[演習問題 4.6 の解答例]

1. 以下に示す土木学会のコンクリート標準示方書［構造性能照査編］の曲げひび割れ幅 w の算定式を用いて計算する．

$$w = k_1 k_2 k_3 \{4c + 0.7(c_s - \varphi)\}\left[\frac{\sigma_{se}}{E_s} + \varepsilon_{csd}'\right] \tag{1}$$

ここに，k_1：鉄筋の表面形状がひび割れ幅に及ぼす影響を表す係数で，一般に異形鉄筋の場合に 1.0，普通丸鋼の場合に 1.3．

k_2：コンクリートの品質がひび割れ幅に及ぼす影響を表す係数で次式による．

$$k_2 = \frac{15}{f_c' + 20} + 0.7 \quad (f_c'：コンクリートの圧縮強度 \text{ N/mm}^2)$$

k_3：引張鉄筋の段数の影響を表す係数で次式による

$$k_3 = \frac{5(n+2)}{7n+8} \quad (n：引張鉄筋の段数)$$

c：かぶり (mm)

c_s：鉄筋の中心間隔 (mm)

ϕ：鉄筋径 (mm)

ε_{csd}'：コンクリートの収縮およびクリープなどによるひび割れ幅の増加を考慮するための数値

σ_{se}：鉄筋応力度の増加量 (N/mm^2)

E_s：鉄筋の弾性係数 (N/mm^2)

算定式（式(1)）に代入するそれぞれの値は以下のとおりである．

鉄筋は SD435 の異形鉄筋であるので，

$k_1 = 1.0$
$k_2 = 15/(30+20) + 0.7 = 1.0$
$k_3 = 5(1+2)/(7 \cdot 1 + 8) = 1.0$
$c = h - d - \phi/2 = 600 - 550 - 25.4/2 = 37.3 \text{ mm}$
$c_s = 80 \text{ mm}$
$\phi = 25.4 \text{ mm}$
$\varepsilon_{csd}' = 150 \times 10^{-6}$
$\sigma_{se} = 120 \text{ N/mm}^2$
$E_c = 200 \text{ kN/mm}^2$

$w = 1.0 \times 1.0 \times 1.0 \times \{4 \times 37.3 + 0.7 \times (80 - 25.4)\} \times \left(\frac{120}{200000} + 0.00015\right) = 0.140 \text{ mm}$

2. 有効換算断面 2 次モーメント I_e が部材全長にわたって一定としてたわみを計算する．有効換算断面 2 次モーメント I_e は以下の式より求める．

$$I_e = \left(\frac{M_{cr}}{M_{\max}}\right)^3 I_g + \left\{1 - \left(\frac{M_{cr}}{M_{\max}}\right)^3\right\} I_{cr} \tag{2}$$

ここに，M_{cr}：ひび割れ発生モーメント
I_g：全断面を有効とした換算断面2次モーメント
I_{cr}：コンクリートの引張側を無視した換算断面2次モーメント
M_{max}：部材内に作用している最大曲げモーメント

全断面を有効とした換算断面2次モーメントI_gを計算する．全断面を有効とした換算断面の中立時位置y_1は換算断面1次モーメントより次式で与えられる．

$$y_1 = \frac{\frac{1}{2}bh^2 + nA_sd}{bh + nA_s} = \frac{\frac{1}{2} \times 400 \times 600^2 + 8 \times 2027 \times 550}{400 \times 600 + 8 \times 2027} = 315.8 \text{ mm}$$

ここに，nは弾性係数比$= E_s/E_c = 200000/25000 = 8$
したがって，

$$I_g = \frac{1}{3}by_1^3 + \frac{1}{3}b(h-y_1)^3 + nA_s(d-y_1)^2 = 8149355362 \text{ mm}^4$$

コンクリートの引張側を無視した換算断面2次モーメントI_{cr}を計算する．コンクリートの引張側を無視した換算断面の中立時位置xは次式で与えられる．

$$x = \frac{-nA_s + \sqrt{(nA_s)^2 + 2bnA_sd}}{b} = 174.5 \text{ mm}$$

したがって

$$I_{cr} = \frac{1}{3}bx^3 + nA_s(d-x)^2 = 2994935870 \text{ mm}^4$$

ひび割れ発生モーメントM_{cr}は，全断面を有効とした場合にはり下縁の応力が曲げ強度f_bに達したとき，ひび割れが発生するとして求める．

$$M_{cr} = \frac{f_b I_g}{h - y_1} = 114698879.1 \text{ Nmm} = 114.7 \text{ kN·m}$$

部材内に作用している最大曲げモーメント

$$M_{max} = P \cdot a = 125000 \cdot 1500 = 187500000 \text{ Nmm} = 187.5 \text{ kN·m}$$

したがって，$M_{cr}/M_{max} = 0.612$

$$I_e = \left(\frac{M_{cr}}{M_{max}}\right)^3 I_g + \left\{1 - \left(\frac{M_{cr}}{M_{max}}\right)^3\right\} I_{cr} = 4182237829 \text{ mm}^4$$

はり中央のたわみδは

$$\delta = \frac{2Fa(3\lambda^2 - 4a^2)}{48E_c I_e} = 4.93 \text{ mm}$$

[演習問題4.7の解答例]

$f_{ck}' = 30 \text{ N/mm}^2$であるので$k_1 = 0.85$となる．したがって

$$\varepsilon_{cu}' = \frac{155 - f_{ck}'}{30000} = \frac{155 - 40}{30000} = 0.0038$$

$$\beta = 0.52 + 80 \times \varepsilon_{cu}' = 0.52 + 80 \times 0.0038 = 0.824$$

曲げ破壊時に引張鉄筋は降伏するものと仮定すると，$\sigma_s = f_y$ であるので，

$$x = \frac{A_s \cdot f_y}{k_1 \cdot f_{ck}' \cdot \beta \cdot b} = \frac{3097 \times 345}{0.85 \times 40 \times 0.824 \times 450} = 84.8 \text{ mm}$$

$$M_u = A_s \times f_y \times \left(d - \frac{\beta \cdot x}{2}\right) = 3097 \times 345 \times \left(750 - \frac{0.824 \times 84.8}{2}\right)$$

$$= 7.64 \times 10^8 \text{ N} \cdot \text{mm} = 764 \text{ kN} \cdot \text{m}$$

鉄筋のひずみが，上記で仮定したとおり降伏ひずみに達していることを，以下のように確認する．

$$\varepsilon_s = \varepsilon_{cu}' \times \frac{d-x}{x} = 0.0038 \times \frac{750 - 84.8}{84.8} = 0.0298 > \varepsilon_y = \frac{f_y}{E_s} = \frac{345}{200 \times 10^3} = 0.0017$$

したがって，引張鉄筋は降伏している．

この問題の載荷方法の場合は，曲げモーメントが最大となるのはスパン中央位置であるので，スパン中央において検討を行う．荷重 F が 400 kN のとき，スパン中央における曲げモーメントは次式により求められる．

$$M = \frac{F_d}{2} \times \frac{L}{2} = \frac{400 \text{ kN}}{2} \times 3 \text{ m} = 600 \text{ kN} \cdot \text{m}$$

作用する曲げモーメント $M = 600$ kN·m と曲げ耐力 $M_u = 764$ kN·m を比較すると，$M < M_u$ であり曲げ耐力のほうが大きい．よって，この鉄筋コンクリートは $F = 400$ kN のとき曲げ破壊しないと推定される．

[演習問題 4.8 の解答例]

断面の形状・寸法は問題 4.7 と同じであるので，曲げ耐力も同じである．よって，$M_u = 764$ kN·m である．

この問題の載荷方法の場合は，曲げモーメントが最大となるのは固定端であるので，固定端において検討を行う．荷重 F が 400 kN のとき，固定端における曲げモーメントは次式により求められる．

$$M = F \times \frac{L}{2} = 400 \text{ kN} \times 3 \text{ m} = 1200 \text{ kN} \cdot \text{m}$$

作用する曲げモーメント $M = 1200$ kN·m と曲げ耐力 $M_u = 764$ kN·m を比較すると，$M > M_u$ であり曲げ耐力のほうが小さい．よって，この鉄筋コンクリートは $F = 400$ kN のとき曲げ破壊すると推定される．

第5章

[演習問題 5.1 の解答]

弾性状態を仮定して中立軸を導出すると

$G_c - nG_s = 0$ より，

$$\frac{bx^2}{2} - n \times (d-x) \times A_s = 0$$

$$\frac{bx^2}{2} + nA_s x - nA_s d = 0$$

$$x = \frac{-nA_s \pm \sqrt{n^2 A_s^2 + 4 \times \frac{b}{2} nA_s d}}{b}$$

$$= \frac{-8 \times 1935 + \sqrt{(8 \times 1935)^2 + 4 \times \frac{300}{2} \times 8 \times 1935 \times 500}}{300}$$

$$\fallingdotseq 181.3 \fallingdotseq 181 \text{(mm)}$$

$$\tau = \frac{Q}{b \cdot z}\left\{1 - \left(\frac{y}{x}\right)^2\right\}$$

$$= \frac{75000}{300 \times \frac{7}{8} \times 500}\left\{1 - \left(\frac{y}{181}\right)^2\right\}$$

$$= 0.571\left\{1 - \left(\frac{y}{181}\right)^2\right\}$$

中立軸（$y=0$）上で最大値となり，$\tau_n = 0.571 \text{ N/mm}^2$

［演習問題 5.2 の解答］

$$G_v = \int_v^x y b_y dy + nA_s'(x-d') = \int_v^x y b dy + nA_s'(x-d') = \frac{b(x^2-v^2)}{2} + nG_s'$$

したがって，せん断応力度 τ_n は次式で与えられる．

$$\tau_n = \frac{VG_v}{bI_i} = \frac{V}{bI_i}\left\{\frac{b}{2}(x^2-v^2) + nG_s'\right\}$$

ここで，$I_i = I_c + nI_s' + nI_s = \frac{bx^2}{2}\left(d - \frac{x}{3}\right) + nA_s'(x-d')(d-d')$

$v=0$ すなわち中立軸で最大せん断応力度 τ_n を示し，その値は次式で表される．

$$\tau_n = \frac{V}{bI_i}(G_c + nG_s') = \frac{V}{b\frac{I_i}{G_c + nG_s'}} = \frac{V}{bz}$$

ここで，せん断応力分布はつぎのようになる．

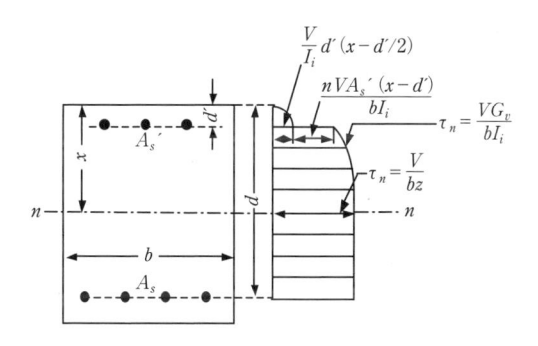

[演習問題5.3の解答]

はり上縁から中立軸までの距離 x は，次式となる．

$$x = -\frac{8.00(1935+774)}{300} + \sqrt{\left\{\frac{8.00(1935+774)}{300}\right\}^2 + \frac{2\times8.00}{300}(1935\times500+774\times50)}$$
$$= 210\,\text{mm}$$

また，複鉄筋長方形断面の断面2次モーメント I_i は次式となる．

$$I_i = \frac{300\times210^2}{2}\left(500-\frac{210}{3}\right) + 8.00\times774(210-50)(500-50) = 3.290\times10^9\,\text{mm}^4$$

中立軸における圧縮鉄筋の断面1次モーメント G_s' は次式となる．

$$G_s' = 774(210-50) = 123.84\times10^3\,\text{mm}^3$$

中立軸から距離 v の位置におけるせん断応力 τ_v は次式であり，

$$\tau_v = \frac{VG_v}{bI_i} = \frac{V}{bI_i}\left\{\frac{b}{2}(x^2-v^2) + nG_s'\right\}$$

この式に値を代入すると次式となる．

$$\tau_v = \frac{75000}{300\times3.290\times10^9}\left\{\frac{300}{2}(210^2-v^2) + 8.00\times123.84\times10^3\right\}$$
$$= 0.503\left\{1-\left(\frac{v}{210}\right)^2\right\} + 0.075$$

上縁から50mmすなわち $v=210-50=160$mm の位置におけるコンクリートのせん断応力は，右辺第1項目より

$$\tau_{160c} = 0.211\,\text{N/mm}^2$$

そして，圧縮鉄筋の分担を加味すると

$$\tau_{160c} = 0.211 + 0.075 = 0.286\,\text{N/mm}^2$$

最大せん断応力度は中立軸上で生じ，その値は $v=0$ とすると，

$$\tau_n = 0.503 + 0.075 = 0.578\,\text{N/mm}^2$$

せん断応力分布

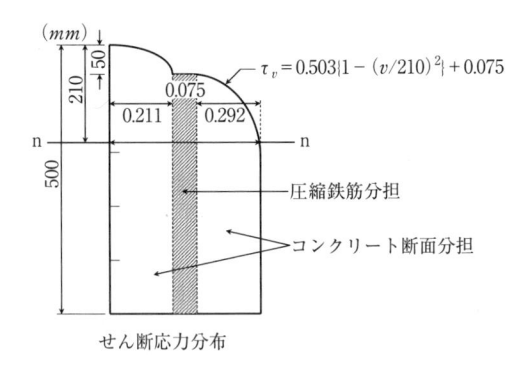

[演習問題 5.4 の解答]

1) $f_{vc} = 0.2\sqrt[3]{f_c'} = 0.2\sqrt[3]{30} = 0.621 < 0.72 \,\text{N/mm}^2$
鉄筋断面積 $A_s = 3 \times 6.424 = 19.27(\text{cm}^2) = 1927(\text{mm}^2)$
鉄筋比 $p_w = A_s/b_w d = 1927/(200 \times 450) = 0.0214$
$\quad \beta_d = \sqrt[4]{1000/d} = \sqrt[4]{1000/450} = 1.221$ （単位はミリで代入）
$\quad \beta_p = \sqrt[3]{100 p_w} = \sqrt[3]{100 \times 0.0214} = 1.289$
$\quad \beta_n = 1 + 2M_0/M_d = 1.0$ （$N'=0$ より $M_0=0$）

これより，斜めひび割れ発生時の設計せん断耐力 V_c は
$\quad V_c = f_{vc} b_w d = 1.221 \times 1.289 \times 1.0 \times 0.621 \times 450 \times 200 \fallingdotseq 88.0 \,(\text{kN})$

2) U 形スターラップを用いるから，その断面積は 2 倍である．
$\quad A_w = 2 \times 198.6 = 397.2 (\text{mm}^2)$

ここで，せん断破壊を起こさないためにはスターラップ降伏時のせん断力 V_y に対し設計せん断力 V_d が小さくなければならない．

したがって，
$\quad V_d \leq V_y$ の条件を満たす必要がある．

ここで $V_y = V_c + V_s$ （V_s：せん断補強筋の受け持つ設計せん断耐力） ①

また $V_s = A_w f_{wy}(\sin\alpha + \cos\alpha)\dfrac{z}{s}$ ②

式①に1)で算出した V_c（$=88.0$ kN）および式②を代入して s に関して整理する．この際，スターラップを用いることにより $\alpha=90°$ である．

$$s \leq \frac{A_w f_{wyd}(\sin\alpha + \cos\alpha)z}{V_d - V_c} = \frac{397.2 \times 295 \times (1+0) \times (450/1.15)}{250 \times 10^3 - 88.0 \times 10^3} = 283(\text{mm})$$

したがって，U 形鉛直スターラップの最大配置間隔は 280(mm)

[演習問題 5.5 の解答]

① せん断耐力 V_y の算定
  ・コンクリートの分担分 V_c の算定
    3つの係数値

$$\beta_d = \sqrt[4]{1000/500} = 1.189, \quad \beta_p = \sqrt[3]{100 \times \frac{4 \times 506.7}{300 \times 500}} = 1.106, \quad \beta_n = 1 \ (M_0 = 0)$$

$$f_{vc} = 0.20\sqrt[3]{24} = 0.5769 < 0.72 \ \text{N/mm}^2$$

$$V_c = 1.189 \times 1.106 \times 0.5769 \times 300 \times 500 \fallingdotseq 113.8 \ \text{kN}$$

  ・スターラップの分担分 V_s の算定
    諸元　　　$A_w = 2\text{D}13 = 253.4 \ \text{mm}^2$
    　　　　　$\alpha = 90°$ (U 型鉛直スターラップ)
    　　　　　$f_{wy} = 295 \ \text{N/mm}^2, \ z = jd = 500/1.15 = 434.8 \ \text{mm}$
    V_s の算出　　$V_s = A_w f_{wy}(\sin\alpha + \cos\alpha) z/s$
    　　　　　　$= 253.4 \times 295 \times (1+0) \times 434.8/200 = 162.5 \ \text{kN}$

  ・せん断耐力 $V_y = V_c + V_s$
    　　　　　$V_y = V_c + V_s = 113.8 + 162.5 = 276.3 \ \text{kN}$

② 設計斜め圧縮耐力 V_{wc} の算定
    圧縮ストラットの強度

$$V_{wc} = 1.25\sqrt{24} = 6.1 \ \text{N/mm}^2 < 7.8 \ \text{N/mm}^2$$

$$V_{wc} = f_{wc} b_w d = 6.1 \times 300 \times 500 = 915 \ \text{kN} > V_y \quad \cdots \text{O.K.}$$

③ 設計変更によるスターラップの変更
  ・設計変更　　$V_y = V_c + V_s = 113.8 \times 10^3 + \dfrac{A_w f_{wyd} z}{s} \leq 320 \times 10^3 \ \text{N}$

  ・設計変更 1 (SD345 の D16 鉄筋の使用)
    スターラップの条件
    　　　　　$A_w = 2\text{D}16 = 397.2 \ \text{mm}^2, \ f_{wy} = 345 \ \text{N/mm}^2, \ s = 200 \ \text{mm}$
    せん断耐力 $V_y = 113.8 \times 10^3 + \dfrac{397.2 \times 345 \times 434.8}{200} \fallingdotseq 412 \ \text{kN} < V_{wc}$

  ・設計変更 2 (SD295A の D19 鉄筋の使用)
    スターラップの条件
    　　　　　$A_w = 2\text{D}19 = 573 \ \text{mm}^2, \ f_{wy} = 295 \ \text{N/mm}^2, \ s = 200 \ \text{mm}$
    せん断耐力 $V_y = 113.8 \times 10^3 + \dfrac{573 \times 295 \times 434.8}{200} \fallingdotseq 481 \ \text{kN} < V_{wc}$

なお, 上記のスターラップ配筋はつぎのような構造細目を満たす必要がある.

 ⅰ) 最小鉄筋比: $p_w = \dfrac{A_w}{b_w s} \geq 0.0015$

ii) 最小間隔 : $s \leq \dfrac{d}{2}$ かつ $s \leq 300\,\mathrm{mm}$

[演習問題 5.6 の解答]

(1) コンクリートの分担分 V_c はつぎのようになる.

$$V_c = \beta_d \beta_p \beta_n f_{vc} b_w d$$

$$\beta_d = \sqrt[4]{1000/d} = \sqrt[4]{1000/500}$$

$$\beta_p = \sqrt[3]{100 p_w} = \sqrt[3]{\dfrac{100 \times 3 \times 387.1}{(300 \times 500)}} = 0.918$$

$$\beta_n = 1 + 2M_0/M_d \quad \text{または} \quad 1 + 4M_0/M_d$$

$$M_d = 150\,\mathrm{kN \cdot m}\ (設計曲げモーメント)$$

軸力 N' と曲げモーメント M_0 により生じるはり下縁の応力 σ は

$$\sigma = \dfrac{N'}{A} - \dfrac{M_0}{I} y$$

であり, これをゼロとする M_0 は

$$M_0 = \dfrac{N'}{A} \dfrac{I}{y} = \dfrac{N'}{b_w \cdot h} \dfrac{b_w h^3/12}{h/2} = \dfrac{N'}{b_w \cdot h} \dfrac{b_w h^2}{6} = \dfrac{N'h}{6} = \dfrac{50 \times 0.55}{6} = 4.58\,\mathrm{kN \cdot m}$$

M_0 と M_d は同符号であり,また $N' \geq 0$ より

$$\beta_n = 1 + 2M_0/M_d = 1 + 2\dfrac{4.58}{150} = 1.06 \quad (<2)$$

$$f_{vc} = 0.2\sqrt[3]{f_c'} = 0.2\sqrt[3]{20} \fallingdotseq 0.543\ (\mathrm{N/mm^2})$$

$$\therefore V_c = 1.189 \times 0.918 \times 1.06 \times 0.543 \times 300 \times 500 = 94.2\,\mathrm{kN}$$

(2) せん断耐力 V_y は, $V_y = V_c + V_s$ であるから, $V_s = \dfrac{z}{s} A_w f_{wy}$ を代入し整理すると, スターラップ間隔 s は次式となる.

$$s < \dfrac{z A_w f_{wy}}{V_y - V_c} = \dfrac{500/1.15 \times 71.33 \times 2 \times 295}{150 \times 10^3 - 94.2 \times 10^3} \fallingdotseq 327.9$$

したがって,$s = 200\,\mathrm{mm}$ 間隔とすると,

$$V_y = \dfrac{500/1.15}{200} \times 71.33 \times 2 \times 295 + 94.2 \times 10^3$$

$$= 185 \times 10^3\,\mathrm{kN} > 150 \times 10^3\,\mathrm{kN}$$

であるため, せん断力に対して安全である.

第6章

[演習問題 6.1 の解答]

モーメントの基準位置（図心位置）

$$y_c = \frac{\frac{1}{2}bh^2 + nA_s d}{bh + nA_s} = 325.3 \text{ mm}$$

① 軸力のみの場合

$$N_u = bhf_c' + A_s f_y = 6159900 \text{ N} = 6160 \text{ kN}$$

② 曲げのみの場合

引張鉄筋ひずみ $\varepsilon_s > \varepsilon_y$ と仮定する．

軸方向の力の釣合い（$C_c - T_s = f_c' b\beta x - A_s f_y = 0$）より

ひずみの確認

$$x = \frac{A_s f_y}{f_c' b\beta} = 105.54 \text{ mm} \rightarrow \varepsilon_s = \frac{\varepsilon_{cu}'}{x}(d-x) = 0.01474 > \varepsilon_y \quad \cdots \text{O.K.}$$

中立軸に関するモーメントの釣合いより

$$M_u = C_c(x - \beta x/2) + C_s(x - d') + T_s(d - x) = 385864555 \text{ N·mm} = 385.9 \text{ kN·mm}$$

③ 釣合い状態の場合

釣合い状態とはコンクリートひずみが ε_{cu}' となったとき，同時に引張鉄筋ひずみが $\varepsilon_s = \varepsilon_y$ となる状態である．

ひずみの適合条件より $\quad \dfrac{\varepsilon_{cu}'}{x} = \dfrac{\varepsilon_s}{d-x} \rightarrow x = \dfrac{\varepsilon_{cu}'}{\varepsilon_{cu}' + \varepsilon_y}d = 385 \text{ mm}$

ⅰ) 軸方向の力の釣合い：$N_u = C_c - T_s = f_c' b\beta x - A_s f_y = 2012.1 \text{ kN}$

ⅱ) モーメントの釣合い：$M_u = C_c(y_c - \beta x/2) + T_s(d - y_c) = 645.59 \text{ kN·m}$

ⅲ) 軸方向の力の図心位置 y_c からの偏心距離 $e = M_u/N_u' = 0.3209 \text{ m} = 320.9 \text{ mm}$

②〜③の範囲の場合 （中立軸位置 x の範囲 $105.54 \text{ mm} \leq x \leq 385.9 \text{ mm}$）

③のⅰ)，ⅱ)，ⅲ) の式に $105.54 \text{ mm} \leq x \leq 385.54 \text{ mm}$ の範囲の任意の x を代入して計算すればよい．

③〜④の範囲の場合（中立軸位置 x の範囲 $385.9 \text{ mm} \leq x \leq 550 \text{ mm}$）

この場合，引張鉄筋ひずみ $\varepsilon_s < \varepsilon_y$ となる．したがって，③のⅰ)，ⅱ)，ⅲ) の式の T_s を $T_s = A_s E_s \dfrac{\varepsilon_{cu}'}{x}(d-x)$ に置き換え，$385.54 \text{ mm} \leq x \leq 550 \text{ mm}$ の範囲の任意の x を代入して計算すればよい．

④〜①の範囲の場合

$550 \text{ mm} \leq x$ の範囲では引張鉄筋も圧縮となる．ここでは $x = 550 \text{ mm}$ の場合の結果と軸力の場合の①までを直線で結んで，相互作用図を完成させる．

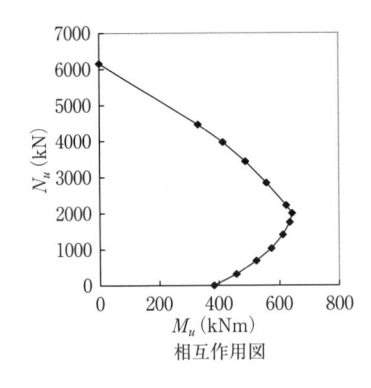

x(mm)	M_u(kNm)	N_u(kN)
② 105.54	385.864	0
150	457.27	320.1
200	523.98	680.1
250	576.29	1040.1
300	614.29	1400.1
350	637.7	1760.1
③ 385	645.59	2012.1
400	625.46	2215.09
450	559.3	2845.98
500	490.91	3422.69
④ 550	416.97	3960
①	0	6159.9

相互作用図

第7章

[演習問題7.1の解答]

引張鉄筋の総断面積 $A_s = 3000$ mm² に対応する鉄筋径と本数の組み合わせとしては，たとえば，① D22, 8本，② D32, 4本，③ D25, 6本，などがある．

ここでは，①の場合について鉄筋の配置を右図に示し，鉄筋のあきおよびかぶりの検討結果を以下に記述する．

題意より，7.2.1項の表7.1を用いることにする．表7.1より最小かぶりは40 mmである．

図では，かぶりは80−(22/2)=69 mmであり，40 mmより大きくなっているので，土木学会示方書の規定を満足する．

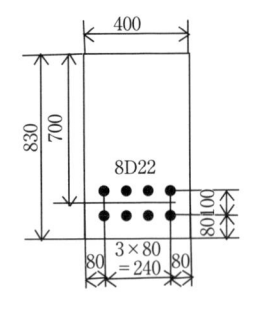

粗骨材の最大寸法は25 mmであり，引張鉄筋にはD22を用いている．したがって水平あきの規定は，「20 mm以上，粗骨材最大寸法の4/3倍である33.3 mm以上，鉄筋の直径22 mm以上」となる．また，鉛直のあきの規定は，「20 mm以上，鉄筋の直径22 mm以上」である．図では，水平あきは80−22=58 mm，鉛直あきは100−22=78 mmであり，いずれも土木学会示方書の規定を満足する．

付録 1 限界状態設計法による鉄筋コンクリートはりのせん断補強鉄筋の設計例

　下図に示す長方形断面のはり部材において構造細目を考慮したせん断補強筋の設計を行いなさい．なお，せん断補強筋には折曲鉄筋とスターラップ（D10のU形）を併用するものとする．

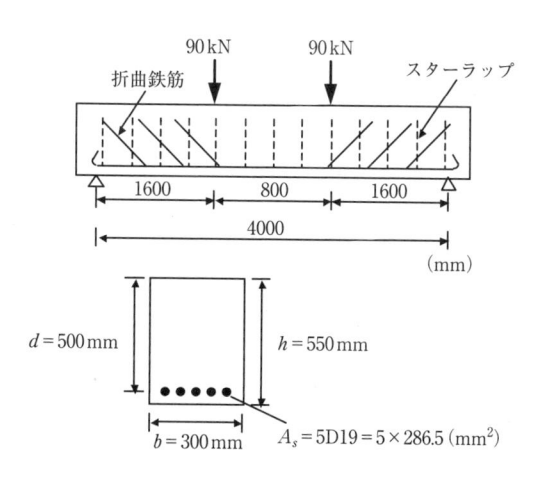

ただし，コンクリートの設計基準強度 $f_{ck}' = 24\,\text{N/mm}^2$
鉄筋 D19（SD295A）　$f_y = 295\,\text{N/mm}^2$　公称断面積 $286.5\,\text{mm}^2$
鉄筋 D10（SD295A）　$f_y = 295\,\text{N/mm}^2$　公称断面積 $71.33\,\text{mm}^2$
材料係数（コンクリート）　$\gamma_c : 1.3$
材料係数（鉄筋）　$\gamma_s : 1.0$
部材係数　コンクリート $\gamma_b = 1.3$
　　　　　鉄筋のトラス $\gamma_b = 1.15$
構造物の係数 $\gamma_i = 1.15$
弾性係数（鉄筋） $2.0 \times 10^2\,\text{N/mm}^2$

[解答]
(0) コンクリートの設計基準強度：$f_{cd}'=24/1.3=18.5$
鉄筋の降伏ひずみ（D19，D10とも）：$\varepsilon_y=295/200000=0.001475$
(1) 設計せん断力 $V_d=90$ kN
(2) せん断補強筋が必要かどうかの照査

$$V_{cd}=\beta_d\beta_p\beta_n f_{vcd} b \cdot d / \gamma_b$$
$$\beta_d=\sqrt[4]{1000/d}=\sqrt[4]{1000/500}=1.189$$
$$\beta_p=\sqrt[3]{100P_v}=\sqrt[3]{100\times 5\times 286.5/(300\times 500)}=0.984$$
$$\beta_n=1+2M_0/M_d=1.0$$
$$f_{vcd}=0.2\sqrt[3]{18.5}=0.529 \text{ N/mm}^2$$
$$V_{cd}=1.189\times 0.984\times 1.0\times 0.529\times 300\times 500/1.3=71.4 \text{ (kN)}$$
$$V_{cd}/V_d=71.4/90=0.79<\gamma_i(=1.15)$$

より，せん断補強筋が必要となる．

(3) 曲げ耐力照査
1) シフトモーメント

せん断補強筋を有する部材では，トラス理論に基づくとモーメントが有効高さdだけシフトする．

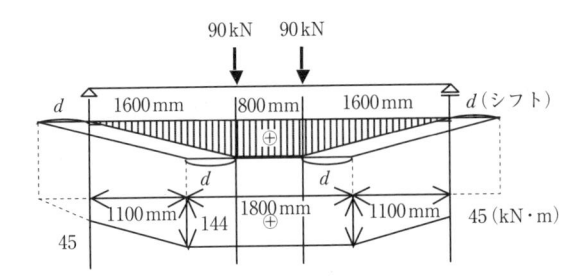

したがって，支点上でのシフトモーメントは
$$M=90\times 500=45000 \text{ kN}\cdot\text{mm}=45 \text{ kN}\cdot\text{m}$$
等曲げ区間では
$$M=90\times 1600=144000 \text{ kN}\cdot\text{mm}=144 \text{ kN}\cdot\text{m}$$

2) 折曲鉄筋の折曲位置

1) より，支点から1.1 mの位置での曲げモーメントが最大となり，折曲鉄筋を折曲げる位置は，1.1 m以内である．

付録1　限界状態設計法による鉄筋コンクリートはりのせん断補強鉄筋の設計例　143

ここでは，下図のように領域②において1本，領域③において新たに1本を45°で折曲げることとする．

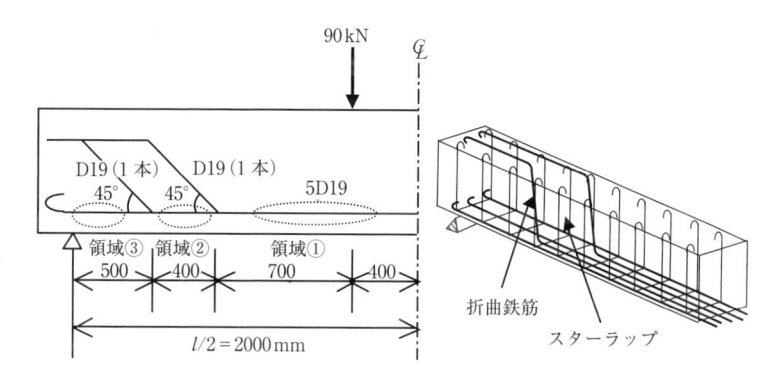

各領域における曲げモーメント

領域①　$M_① = 144$ (kN·m)
領域②　$M_② = 90 \times (900+500) = 126$ (kN·m)
領域③　$M_③ = 90 \times (500+500) = 90$ (kN·m)

3) 曲げに対する安全性の検討

領域①：

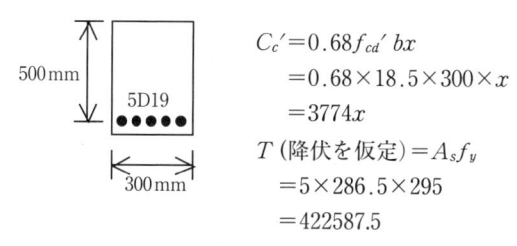

$C_c' = 0.68 f_{cd}' bx$
　　　$= 0.68 \times 18.5 \times 300 \times x$
　　　$= 3774x$

T(降伏を仮定)$= A_s f_y$
　　　$= 5 \times 286.5 \times 295$
　　　$= 422587.5$

$C_c' = T$ より $x = 112$ (mm)

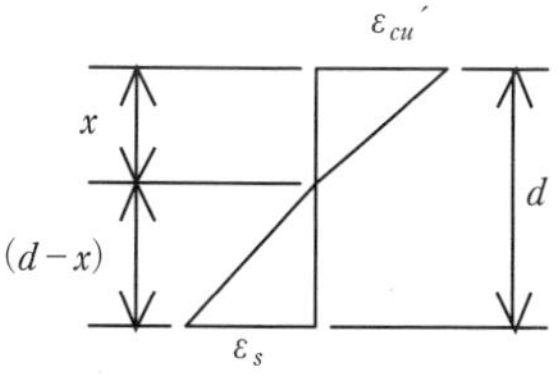

$x : (d-x) = \varepsilon_{cu}' : \varepsilon_s$

$\varepsilon_s = \dfrac{d-x}{x} \varepsilon_{cu}'$
　　$= \dfrac{500-112}{112} \times 0.0035$
　　$= 0.0121 > \varepsilon_y (= 0.001475)$

$M_{ud} = T \times (d - 0.4x) = 422587.5 \times (500 - 0.4 \times 112) = 192$ (kN·m)

$\dfrac{M_{ud}}{M_①} = \dfrac{192}{144} = 1.33 > \gamma_i$ … O.K.

領域②：

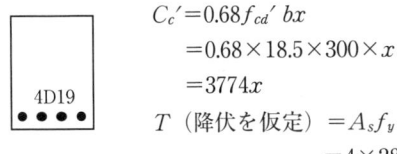

[4D19]

$C_c' = 0.68 f_{cd}' bx$
$ = 0.68 \times 18.5 \times 300 \times x$
$ = 3774x$
T （降伏を仮定） $= A_s f_y$
$ = 4 \times 286.5 \times 295$
$ = 338070$

$C_c' = T$ より $x = 89.6$ (mm)

$\varepsilon_s = \dfrac{d-x}{x} \varepsilon_{cu}' = \dfrac{500-89.6}{89.6} \times 0.0035 = 0.016 > \varepsilon_y (= 0.001475)$

$M_{ud} = T \times (d - 0.4x) = 338070 \times (500 - 0.4 \times 89.6) = 157$ (kN·m)

$\dfrac{M_{ud}}{M_②} = \dfrac{157}{126} = 1.25 > \gamma_i$ … O.K.

領域③：

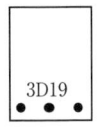

[3D19]

$C_c' = 3774x$
T （降伏を仮定） $= A_s f_y$
$ = 3 \times 286.5 \times 295$
$ = 253552.5$

$C_c' = T$ より $x = 67$ (mm)

$\varepsilon_s = \dfrac{d-x}{x} \varepsilon_{cu}' = \dfrac{500-67}{67} \times 0.0035 = 0.023 > \varepsilon_y (= 0.001475)$

$M_{ud} = T \times (d - 0.4x) = 253552.5 \times (500 - 0.4 \times 67) = 120$ (kN·m)

$\dfrac{M_{ud}}{M_③} = \dfrac{120}{90} = 1.33 > \gamma_i$ … O.K.

(4) せん断耐力の照査

領域①：この領域は（2）で実施済み．
$V_{cd} \fallingdotseq 71.4$ (kN)

$\dfrac{V_{cd}}{V_d} = \dfrac{71.4}{90} = 0.79 < \gamma_i (= 1.15)$

のため，スターラップが必要となる．また，この領域は折曲鉄筋は存在しないことから，スターラップのみを考慮することとなる．

付録1　限界状態設計法による鉄筋コンクリートはりのせん断補強鉄筋の設計例

スターラップの分担力：V_{ssd} はつぎのようになる．

$$V_{ssd} = \frac{z}{s} A_w f_{wyd} / \gamma_b$$

$$\frac{V_{yd}(=V_{cd}+V_{ssd})}{V_d} > \gamma_i \quad \text{より}$$

$$\frac{V_{cd} + \frac{z}{s} A_w f_{wyd}/\gamma_b}{V_d} > \gamma_i$$

$$s < \frac{z A_w f_{wyd}/\gamma_b}{\gamma_i \times V_d - V_{cd}} \quad \text{となる．}$$

したがって，

$$s < \frac{\frac{7}{8} \times 500 \times 71.33 \times 2 \times 295/1.15}{(1.15 \times 90 - 71.4) \times 10^3} = 498.8$$

したがって，スターラップは498 mm 間隔以下であればよい．しかし，構造細目より，つぎの規定がある．

・スターラップの最小量は 0.15%

・スターラップ間隔は，有効高さ d の 1/2 以下かつ，300 mm 以下

したがって，$s=250$ mm（$d/2=500/2=250$ であり 300 mm 以下も満足）とする．

このとき，スターラップの鉄筋比 P_{sv} は，下図より

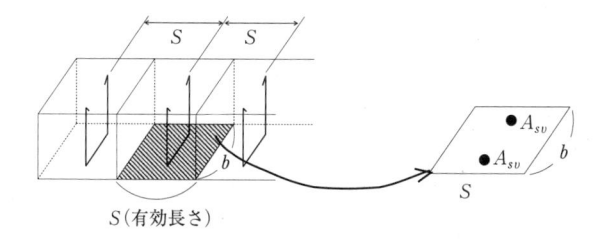

$$P_{sv} = \frac{2(本) \times A_{sv}}{sb} \times 100 = \frac{2 \times 71.33}{250 \times 300} \times 100 = 0.19\% > 最小量 (=0.15\%)$$

以上より，せん断耐力 V_{yd} はつぎのようになる．

$$V_{yd} = V_{cd} + V_{ssd} = 71.4 + \frac{7}{8} \times 500 \times 71.33 \times 2 \times 295/250/1.15/1000$$

$$= 71.4 + 64.0 \fallingdotseq 135 \text{ (kN)}$$

安全性の検討

$$\frac{V_{yd}}{V_d} = \frac{135}{90} = 1.50 > \gamma_i (=1.15) \quad \cdots \text{O.K.}$$

領域②：
コンクリートの分担力：V_{cd}

$$V_{cd} = \beta_d \beta_p \beta_n f_{vcd} b \cdot d / \gamma_b$$

$$\beta_d = \sqrt[4]{1000/d} = \sqrt[4]{1000/500} = 1.189$$

$$\beta_p = \sqrt[3]{100 P_v} = \sqrt[3]{100 \times 4 \times 286.5/(300 \times 500)} = 0.914$$

$$\beta_n = 1 + 2M_0/M_d = 1.0$$

$$f_{vcd} = 0.2 \times \sqrt[3]{f_{cd}'} = 0.2 \times \sqrt[3]{18.5} = 0.529 \,(\text{N/mm}^2)$$

$$V_{cd} = 1.189 \times 0.914 \times 1.0 \times 0.529 \times 300 \times 500/1.3 \fallingdotseq 66.3 \,(\text{kN})$$

折曲鉄筋の分担力：V_{bsd}

$$V_{bsd} = \frac{z(\cot\theta + \cot\alpha)}{s} A_w f_{wyd} \times \sin\alpha/\gamma_b$$

$\theta = 45°$ より

$$= \frac{z(\sin\alpha + \cos\alpha)}{s} A_w f_{wyd}/\gamma_b$$

$\alpha = 45°$ とすると

$$= \frac{z}{s}\sqrt{2} \times A_w f_{wyd}/\gamma_b = \frac{\frac{7}{8} \times 500}{400} \times \sqrt{2} \times 286.5 \times 295/1.15 \fallingdotseq 113.7 \,(\text{kN})$$

スターラップは，領域① と同じように配置する（$s = 250$ mm）．

$$V_{ssd} = 64.0 \,(\text{kN})$$

以上より，V_{yd} はつぎのようになる．

$$V_{yd} = V_{cd} + V_{bsd} + V_{ssd} = 66.3 + 113.7 + 64.0 = 244.0 \,(\text{kN})$$

安全性の検討

$$\frac{V_{yd}}{V_d} = \frac{244}{90} = 2.71 > \gamma_i \,(= 1.15) \quad \cdots \text{O.K.}$$

領域③：
コンクリートの分担力：V_{cd}

$$V_{cd} = \beta_d \beta_p \beta_n f_{vcd} b \cdot d / \gamma_b$$

$$\beta_d = \sqrt[4]{1000/d} = \sqrt[4]{1000/500} = 1.189$$

$$\beta_p = \sqrt[3]{100 P_v} = \sqrt[3]{100 \times 3 \times 286.5/(300 \times 500)} = 0.831$$

$$\beta_n = 1 + 2M_0/M_d = 1.0$$

$$f_{vcd} = 0.529 \,(\text{N/mm}^2)$$

$$V_{cd} = 1.189 \times 0.831 \times 1.0 \times 0.529 \times 300 \times 500/1.3 \fallingdotseq 60.3 \,(\text{kN})$$

折曲鉄筋の分担力：V_{bsd}

$$V_{bsd} = \frac{z(\sin\alpha + \cos\alpha)}{s} A_w f_{wyd}/\gamma_b = \frac{\frac{7}{8}\times 500}{500} \times \sqrt{2} \times 286.5 \times 295/1.15 = 90.9 \text{ (kN)}$$

スターラップは，領域 ① と同じように配置する（$s=250$ mm）．

$\qquad V_{ssd} = 64.0$ (kN)

以上より，せん断耐力 V_{yd} はつぎのようになる．

$\qquad V_{yd} = V_{cd} + V_{bsd} + V_{ssd} = 60.3 + 90.9 + 64.0 = 215.2$ (kN)

安全性の検討

$\qquad \dfrac{V_{yd}}{V_d} = \dfrac{215.2}{90} = 2.39 > \gamma_i\,(=1.15) \quad \cdots\text{O.K.}$

付録 2　限界状態設計法による鉄筋コンクリート逆 T 形擁壁の設計例

設計条件

1. **一般条件**

    構造形式および基本諸元
    1) 構造形式：鉄筋コンクリート逆 T 形擁壁
    2) 基礎形式：直接基礎
    3) 高さ　：全高 $H=4.5$ m
    4) 背面形式：擁壁は鉛直で，背面の地表面は水平とする．
    5) 根入れ深さ：$D_f=1.0$ m
    6) 地下水位：底版下面以下
    7) 環境条件：一般の環境
    8) 準拠規準：コンクリート標準示方書 2007 年制定（設計編）
       道路橋示方書・同解説平成 14 年

2. **荷重条件**
    1) 単位体積重量：鉄筋コンクリート $w_c=24.5$ kN/m^3
       背面土砂　　　$w_s=19$ kN/m^3
    2) 土圧：クーロンの土圧公式を用いる
       安定計算時：主働土圧係数 $K_a=0.297$（背面土砂の内部摩擦角 $\phi=30°$ 壁面摩擦角 $\delta=30°$）
       断面計算時：主働土圧係数 $K_a=0.308$（背面土砂の内部摩擦角 $\phi=30°$ 壁面摩擦角 $\delta=10°$）
    3) 擁壁背面上載荷重：活荷重 $q=10$ kN/m^2
    4) 基礎地盤：擁壁底版との粘着力 $c=0$ kN/m^2，擁壁底版との摩擦係数 $\mu=0.6$
    5) 地震時の検討は省略する．

3. **使用材料**
    1) コンクリートの設計基準強度 $f_{ck}'=24$ N/mm^2

2) 鉄　筋：種類　SD345　鉄筋の降伏強度 $f_{yk}=345\ \mathrm{N/mm^2}$

4. 安全係数および修正係数

終局限界状態および使用限界状態について検討する（疲労限界状態の検討は省略する）．

4.1 安全係数

終局限界状態

1) 安定に関する安全係数：転倒 $\gamma_0=1.4$，支持力 $\gamma_v=1.2$，滑動 $\gamma_h=1.3$
2) 材料係数：コンクリートの材料係数 $\gamma_c=1.3$，鉄筋の材料係数 $\gamma_s=1.0$
3) 荷重係数：死荷重に関する荷重係数 $\gamma_{fd}=1.1$，土圧・活荷重に関する荷重係数 $\gamma_{fl}=1.2$
4) 部材係数：曲げに関する部材係数 $\gamma_{bm}=1.15$，せん断に関する部材係数 $\gamma_{bv}=1.3$
5) 構造解析係数：構造解析係数 $\gamma_a=1.0$
6) 構造物係数：構造物係数 $\gamma_i=1.1$

使用限界状態

1) すべての安全係数は 1.0 とする．

4.2 修正係数

終局限界状態

1) 材料修正係数：$\rho_m=1.0$
2) 荷重修正係数：$\rho_f=2.0$（活荷重，擁壁背面上載荷重）
3) 地盤支持力修正係数：$\rho_v=0.6$

その他はすべて 1.0 とする．

使用限界状態

1) すべての修正係数は 1.0 とする．

安定計算

ここでは，擁壁延長方向の単位幅 1m で計算する．
図1に擁壁断面図を示す．

1. 荷　重

1) **背面土による土圧力**

　　土圧合力　$P_{a1}=\dfrac{1}{2}K_a w_s H^2=\dfrac{1}{2}\times 0.297\times 19\times 4.5=57.135\ \mathrm{kN}$

　　水平土圧力　$P_{h1}=P_{a1}\cos\delta=57.135\times\cos 30°=49.481\ \mathrm{kN}$

　　　　作用位置 $y_{a1}=\dfrac{1}{3}H=1.50\ \mathrm{m}$

図1 逆T形擁壁構造一般図

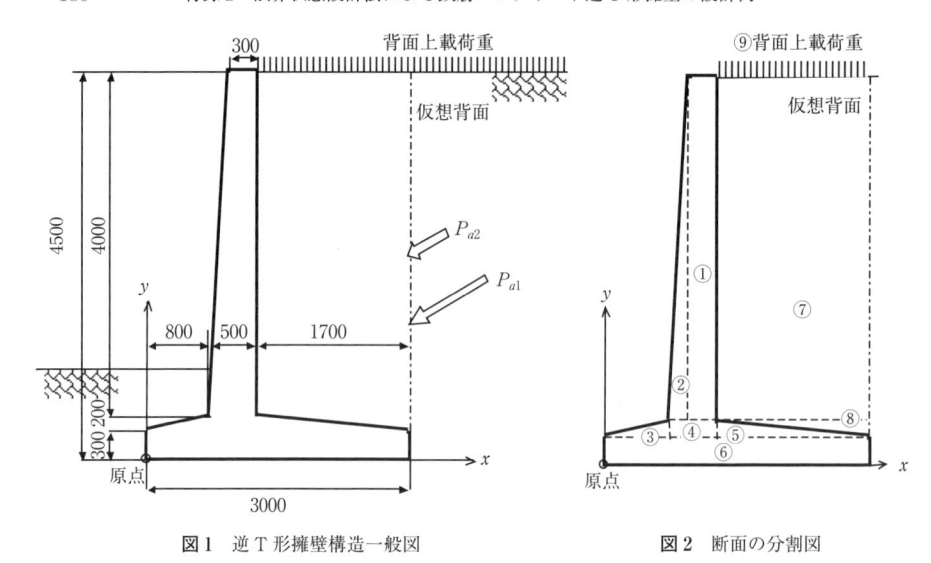

図2 断面の分割図

鉛直土圧力　$P_{v1}=P_{a1}\sin\delta=57.135\times\sin 30°=28.568$ kN　作用位置 $x_{a1}=3.0$ m

2) **背面上載荷重による土圧力**

　　土圧合力　$P_{a2}=qK_aH=10\times0.297\times4.5=13.365$ kN

　　水平土圧力　$P_{h2}=P_{a2}\cos\delta=13.365\times\cos 30°=11.574$ kN

　　　　作用位置　$y_{a2}=\dfrac{1}{2}H=2.25$ m

　　鉛直土圧力　$P_{v2}=P_{a2}\sin\delta=13.365\times\sin 30°=6.683$ kN　作用位置 $x_{a2}=3.0$ m

3) **擁壁の自重**

擁壁の自重は図2のように分割して計算する．

区分	幅×高さ×w_c (m)(m)(kN/m²)	鉛直力 (kN/m)	原点から重心までの距離 x (m)	y (m)	回転モーメント (kNm/m) M_x	M_y
①	0.3×4.0×24.5	29.4	1.15	2.5	33.81	73.5
②	0.2×4.0/2×24.5	9.8	0.9333	1.8333	9.1463	17.9663
③	0.8×0.2/2×24.5	1.96	0.5333	0.3667	1.0453	0.7187
④	0.5×0.2×24.5	2.45	1.05	0.4	2.5725	0.98
⑤	1.7×0.2/2×24.5	4.165	1.8667	0.3667	7.7748	1.5273
⑥	3.0×0.3×24.5	22.05	1.5	0.15	33.075	3.3075
合計		69.825			87.3971	97.9998

$W_c=69.825$ kN/m　　作用位置　$x_c=1.25217$ m　　$y_c=1.4035$ m

4) 背面土砂の重量

区分	幅×高さ×w_s (m)(m)(kN/m²)	鉛直力 (kN/m)	原点から重心までの距離		回転モーメント (kNm/m)	
			x (m)	y (m)	M_x	M_y
⑦	1.7×4.0×19	129.2	2.15	2.5	277.78	323
⑧	1.7×0.2/2×19	3.23	2.4333	0.43333	7.8596	1.3996
合計		132.43			285.6397	324.3996

W_s=132.43 kN/m　　作用位置　　x_s=2.1569 m　　y_s=2.4496 m

5) 背面土砂上の上載荷重

区分	幅×q_c (m)(kN/m²)	鉛直力 (kN/m)	原点から重心までの距離		回転モーメント (kNm/m)	
			x (m)	y (m)	M_x	M_y
⑨	1.7×10	17	2.15	4.5	36.55	76.5

W_q=17 kN/m　　作用位置　　x_q=2.15 m　　y_q=4.5 m

2. 終局限界状態での安定計算

図3に示す転倒，水平支持，鉛直支持に対する安全性の検討を行う．

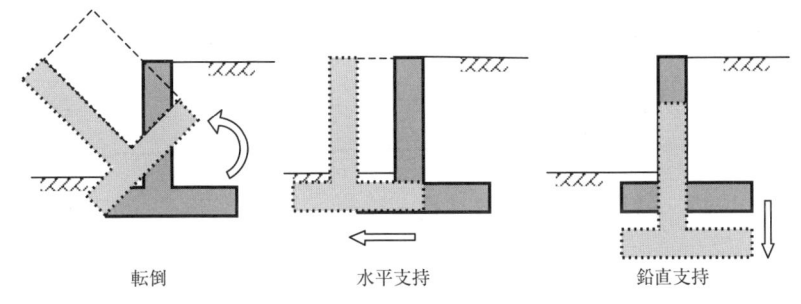

図3　安定計算の検討項目

1) 転倒に対する検討

転倒の終局限界状態に対する検討は，次式が満足されることを確かめる．

$$\gamma_i \frac{M_{sd}}{M_{rd}} \leq 1.0$$

ここに，M_{rd}：転倒に対する擁壁底面端部の設計抵抗モーメント

$= M_r/\gamma_0 = 515.3644/1.4 = 368.1174$ kN·m

M_r：転倒に対する抵抗モーメント

$= W_c x_c + W_s x_s + W_q x_q + P_{v1} x_{a1} + P_{v2} x_{a2}$

$= 69.825 \times 1.25217 + 132.43 \times 2.1569 + 17 \times 2.15 + 28.568 \times 3.0$

$\quad + 6.683 \times 3.0 = 515.3644$ kN·m

M_{sd}：転倒に対する擁壁底面端部の設計転倒モーメント

$$= \gamma_{fl}P_{h1}y_{a1}+\gamma_{fl}\rho_f P_{h2}y_{a2}=1.2\times49.481\times1.50+1.2\times2.0\times11.574\times2.25$$
$$=151.5672 \text{ kNm}$$
$$\therefore \gamma_i \frac{M_{sd}}{M_{rd}}=1.1\frac{151.5672}{368.1174}=0.4529\leq1.0 \quad \cdots\text{O.K.}$$

2) 水平支持に対する検討

水平支持の終局限界状態に対する検討は，次式が満足されることを確かめる．

$$\gamma_i\frac{H_{sd}}{H_{rd}}\leq1.0$$

ここに，H_{rd}：水平支持に対する設計水平抵抗力
$$=H_r/\gamma_h=152.7031/1.3=117.4639 \text{ kN}$$

H_r：擁壁底面と基盤基礎との間の摩擦力および粘着力による水平抵抗力
$$=(W_c+W_s+W_q+P_{v1}+P_{v2})\mu+cB$$
$$=(69.825+132.43+17+28.568+6.683\times0.6+0=152.7031 \text{ kN}$$

H_{sd}：設計作用水平力
$$=\gamma_{fl}P_{h1}+\gamma_{fl}\rho_f P_{h2}=1.2\times49.481+1.2\times2.0\times11.574=87.1555 \text{ kN}$$
$$\therefore \gamma_i\frac{H_{sd}}{H_{rd}}=1.1\frac{87.1555}{117.4639}=0.8162\leq1.0 \quad \cdots\text{O.K.}$$

3) 鉛直支持に対する検討

鉛直支持の終局限界状態に対する検討は，次式が満足されることを確かめる．

$$\gamma_i\frac{V_{sd}}{V_{rd}}\leq1.0$$

ここに，V_{rd}：地盤の設計鉛直支持力
$$=V_r/\gamma_v=488.266/1.2=406.888 \text{ kN}$$

V_r：地盤の鉛直支持力
$$=\rho_v Q_u=0.6\times813.7766=488.266 \text{ kN}$$

Q_u：基盤底面地盤の極限支持力（道路橋示方書，10章直接基礎設計）
$$=A_e(\alpha kcN_cS_c+kqN_qS_q+\frac{1}{2}w_s\beta B_e N_r S_r)=813.7766 \text{ kN}$$

V_{sd}：地盤の設計鉛直力
$$=\gamma_{fd}(W_c+W_s)+\gamma_{fl}(\rho_f W_q+P_{v1}+\rho_f P_{v2})$$
$$=1.1\times(69.825+132.43)+1.2\times(2.0\times17+28.568+2.0\times6.683)$$
$$=313.5997 \text{ kN}$$
$$\therefore \gamma_i\frac{V_{sd}}{V_{rd}}=1.1\frac{313.5997}{406.888}=0.8478\leq1.0 \quad \cdots\text{O.K.}$$

3. 使用限界状態での安定計算

使用限界状態での安定計算では使用状態での荷重の合力の作用位置が底面の核内にあること，地盤に生じる応力が地盤反力度以下であることを確かめることによって行う．

荷重の合力の作用位置

回転モーメント $M_0 = W_c x_c + W_s x_s + W_q x_q + P_{v1} x_{a1} + P_{v2} x_{a2} - P_{h1} y_{a1} - P_{h2} y_{a2}$
$\qquad\qquad\qquad = 415.1009$ kN·m

鉛直方向荷重 $V_0 = W_c + W_s + W_q + P_{v1} + P_{v2}$
$\qquad\qquad\qquad = 254.5052$ kN

原点からの作用位置 $x_0 = M_0/V_0 = 1.631$ m

偏心量 $e = B/2 - x_0 = -0.131$ m $<$ $B/6 = 0.5$ m …O.K.

地盤に生じる応力 q_1, $q_2 = \dfrac{V_0}{B}\left(1 \pm 6\dfrac{e}{B}\right) = 62.6, 107.1 \leq 300$ kN/m^2 …O.K.

（終局限界状態の鉛直支持の検討は地盤のせん断破壊に対するもので，使用限界状態の地盤の応力の検討は過大な沈下を抑制するためである）．

以上より終局限界状態および使用限界状態それぞれにおいて擁壁の安定に関して所定の安全性を満足する．

鉛直壁の設計

鉛直壁はフーチングに固定された片持ちばりとして設計する．ただし，鉛直壁の自重，土圧の鉛直成分および前面の抵抗土圧は無視する．

1. 荷　重

鉛直壁に作用する土圧はクーロンの式より求める．

鉛直壁の高さ：$h = 4.0$m

1) 背面土による土圧力分布（図4参照）

土圧の水平分　$p_{h1}(y) = K_a w_s h \cos \delta \dfrac{y}{h} = 0.308 \times 19.0 \times \cos 10° \times y = 5.7631 y$ kN/m^2

2) 背面上載荷重による土圧力分布

水平土圧力　$p_{h2} = q K_a \cos \delta = 10 \times 0.308 \times \cos 10° = 3.0332$ kN/m^2

2. 断面力の計算（図4参照）

壁上端から y の位置における三角形分布の土圧と等分布の上載荷重の土圧による曲げモーメント $M(y)$ とせん断力 $S(y)$ は次式で与えられる．

$M(y) = \dfrac{1}{6} K_a w_s h \cos \delta \dfrac{y^3}{h} + \dfrac{1}{2} q K_a \cos \delta y^2$

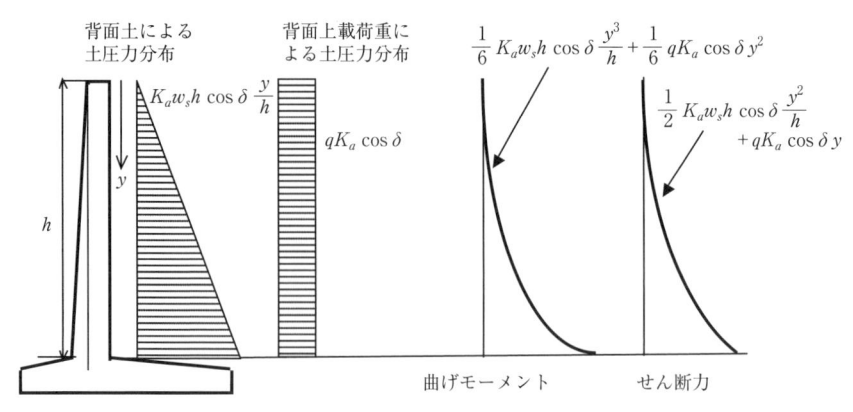

図4 鉛直壁に働く土圧と断面

$$S(y) = \frac{1}{2}K_a w_s h \cos\delta \frac{y^2}{h} + qK_a \cos\delta y$$

設計断面力の計算（壁下端）
　　曲げモーメント $M_d = 1.2 \times 61.47 + 1.2 \times 2.0 \times 24.26 = 132.01$ kN·m
　　せん断力　　$V_d = 1.2 \times 46.1 + 1.2 \times 2.0 \times 12.13 = 84.44$ kN

3. 断面寸法および鉄筋の配置（図5参照）

鉄筋量　$A_s = 1588.8$ mm² （D16-8本）　125 mm 間隔　かぶり：50 mm
配力鉄筋：D13（主鉄筋の外側に配置）
有効高さ $d = 500 - 12.7 - 15.9/2 - 50 = 429.4$ mm

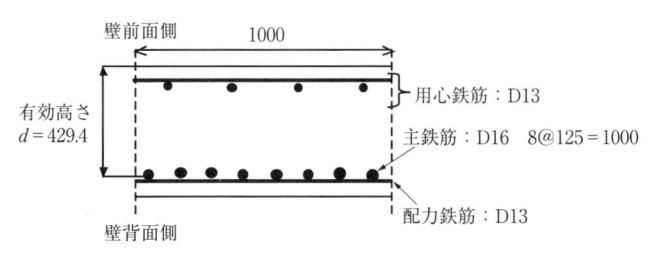

図5　鉛直壁の下端部における断面

鉄筋比の確認
鉄筋比 $p = A_s/(bd) = 0.0037$
釣合い鉄筋比 $p_b = \alpha \dfrac{\varepsilon_{cu}'}{\varepsilon_{cu}' + f_{yd}/E_s} \dfrac{f_{cd}'}{f_{yd}} = 0.0244$

ここに，$\alpha := 0.88 - 0.004 f_{ck}'$，ただし，$\alpha \leq 0.68$ $\Rightarrow \alpha = 0.68$.

　　f_{cd}'：コンクリートの設計圧縮強度 $= f_{ck}'/\gamma_c = 24/1.3 = 18.46 \text{ N/mm}^2$

　　ε_{cu}'：コンクリートの終局ひずみ $= (155 - f_{ck}')/30000 = 0.004367$

　　　　$(0.0020 \leq \varepsilon_{cu}' \leq 0.0035) \Rightarrow \varepsilon_{cu}' = 0.0035$

　　f_{yd}：鉄筋の設計引張強度 $= f_{yk}/\gamma_s = 345/1.0 = 345 \text{ N/mm}^2$

　　E_s：鉄筋のヤング係数で，一般に 200 kN/mm^2 としてよい．

最小鉄筋比の確認

　曲げモーメントの影響が支配的な棒部材の引張鉄筋比は 0.2 ％以上を原則とする．
$\Rightarrow p_{\min} = 0.002$

　　　$p = 0.0037 \geq p_{\min} = 0.002$　…O.K.

最大鉄筋比の確認

　曲げモーメントの影響が支配的な棒部材の軸方向引張鉄筋量は釣合い鉄筋比の 75 ％以下とすることを原則とする．$\Rightarrow p_{\max} = 0.75 p_b = 0.0183$

　　　$p = 0.0037 \leq p_{\max} = 0.0183$　…O.K.

また，釣合い鉄筋比以下であるので，曲げ引張破壊となる．

4. 断面破壊の終局限界状態の検討

1) 曲げモーメントに対する検討

　曲げモーメントの終局限界状態に対する検討は，次式が満足されることを確かめる．

$$\gamma_i \frac{M_d}{M_{ud}} \leq 1.0$$

設計曲げ耐力は示方書の 9.2 の (2) (3) より次式による求められる．

$$M_{ud} = A_s f_{yd} \left(d - \frac{A_s f_{yd}}{1.7 f_{cd}' b} \right) / \gamma_b = 196.34 \text{ kN} \cdot \text{m}$$

ここに，b：断面の幅 $= 1000 \text{ mm}$，γ_b：部材係数 $= 1.15$．

$$\gamma_i \frac{M_d}{M_{ud}} = 1.1 \frac{132.01}{196.34} = 0.740 \leq 1.0 \quad \text{…O.K.}$$

2) せん断力に対する検討

　せん断力の終局限界状態に対する検討は，次式が満足されることを確かめる．

$$\gamma_i \frac{V_d}{V_{yd}} \leq 1.0$$

設計せん断耐力 V_{yd} はせん断補強筋を配置しない設計とするので，示方書 9.2.2.2 の (1) のせん断補強筋を用いない棒部材の設計せん断耐力式を用いて，次式で求める．

$$V_{yd} = V_{cd} = \beta_d \beta_p \beta_n f_{vcd} bd / \gamma_b = 154.83 \text{ kN}$$

ここに，$f_{vcd}' := 0.20\sqrt[3]{f_{cd}'}$ ただし，$f_{vcd}' \leq 0.72 \text{ N/mm}^2 \Rightarrow f_{vcd}' = 0.529 \text{ N/mm}^2$.

$\beta_d := \sqrt[4]{1000/d}$ (d : mm) ただし，$\beta_d > 1.5$ となる場合は1.5とする．
$\Rightarrow \beta_d = 1.235$

$\beta_p := \sqrt[3]{p}$ (p : 鉄筋比) ただし，$\beta_p > 1.5$ となる場合は1.5とする．
$\Rightarrow \beta_p = 0.718$

β_n : 軸方向力の影響を考慮する係数 $\Rightarrow \beta_n = 1.0$

γ_b : 部材係数 $= 1.3$

$\gamma_i \dfrac{V_d}{V_{yd}} = 1.1 \dfrac{84.44}{154.83} = 0.600 \leq 1.0$ …O.K.

5. 鉄筋の定着

　鉛直壁の壁上端から3mの位置（下端部から1mの位置）の断面に作用する曲げモーメントは39.58 kN·m と，壁下端での曲げモーメント85.74 kN·m の半分以下となる．計算は省略するが，鉄筋量を1/2にしても，曲げモーメントとせん断力に対して満足している．そこで，主鉄筋は1本おきに壁断面の引張側に定着する．
　鉄筋の定着長算定位置は示方書の設計編標準5編配筋詳細5.2より，有効高さだけ離れた距離になる．下端部から1mの位置の有効高さは379.4 mm である．
　定着長は示方書13.6.3より次式で与えられる．

$l_d = \alpha \dfrac{f_{yd}}{4 f_{bod}} \phi = 459 \text{ mm}$ ただし 20ϕ 以上　$20\phi = 318 \text{ mm}$ …O.K.

ここに，ϕ : 鉄筋径 $= 15.9$ mm

f_{bod} : コンクリートの設計付着強度 $= 0.28 f_{ck}'^{2/3}/\gamma_c$
ただし，$f_{bod} \leq 3.2 \text{ N/mm}^2 \Rightarrow f_{bod} = 1.792 \text{ N/mm}^2$

$\alpha := 0.6$

したがって，定着する鉄筋は下端部より 1000＋379.4＋459＝1838.4 mm 以上とすればよい．これより2000 mm とする．

6. ひび割れの使用限界状態での検討

　ひび割れの使用限界状態の検討は，曲げひび割れについて検討し，計算する断面は壁下端位置のみとする．鋼材の腐食に対するひび割れ幅の限界値以下であることを確認する．一般の環境である．
　鋼材の腐食に対するひび割れ幅の限界値 $w_a = 0.005c = 0.25$ mm　（c : かぶり）

1) 設計曲げモーメントの算出

設計断面力の計算（壁下端）
曲げモーメント $M_d = 61.47 + 24.26 = 85.73$ kN·m

鉄筋の応力度の算出

鉄筋の応力度 σ_s は次式で与えられる.

$$\sigma_s = n\frac{M_d}{I_i}(d-x) = 135.38 \text{ N/mm}^2$$

ここに, n：ヤング係数比 $= E_s/E_c = 200000/25000 = 8$

E_c：コンクリートのヤング係数　示方書 5.2.5 より $E_c = 25000$ N/mm² としてよい

x：中立軸位置 $= \dfrac{-nA_s + \sqrt{(nA_s)^2 + 2bnA_s d}}{b} = 92.54$ mm

I_i：コンクリートの引張部を無視した中立軸位置に関する換算断面 2 次モーメント

$$I_i = \frac{1}{3}bx^3 + nA_s(d-x)^2 = 1.7065 \times 10^9 \text{ mm}^4$$

曲げひび割れ幅 w は示方書 7.4.4 より, 次式で求めてよい.

$$w = 1.1 k_1 k_2 k_3 \{4c + 0.7(c_s - \phi)\}\left[\frac{\sigma_s}{E_s} + \varepsilon_{csd}'\right] = 0.225 \text{ mm}$$

ここに, $k_1 := 1.0$

$k_2 := \dfrac{15}{f_{cd}' + 20} + 0.7 = 1.09$

$k_3 := \dfrac{5(m+2)}{7m+8} = 1.0$ （m：引張鉄筋の段数）

c_s：鉄筋の中心間隔 $= 125$ mm

$\varepsilon_{csd}' := 150 \times 10^{-6}$

以上より, $w = 0.225$ mm $\leq w_a = 0.25$ mm　となり, 鉄筋腐食に関する耐久性は満足する.

図 6 に鉛直壁の配筋図を示す. なお, 鉛直壁前面には用心鉄筋として D13 を 250 mm の間隔で, 鉛直壁背面には配力鉄筋として D13 を 250 mm の間隔で配置してある.

158　付録2　限界状態設計法による鉄筋コンクリート逆T形擁壁の設計例

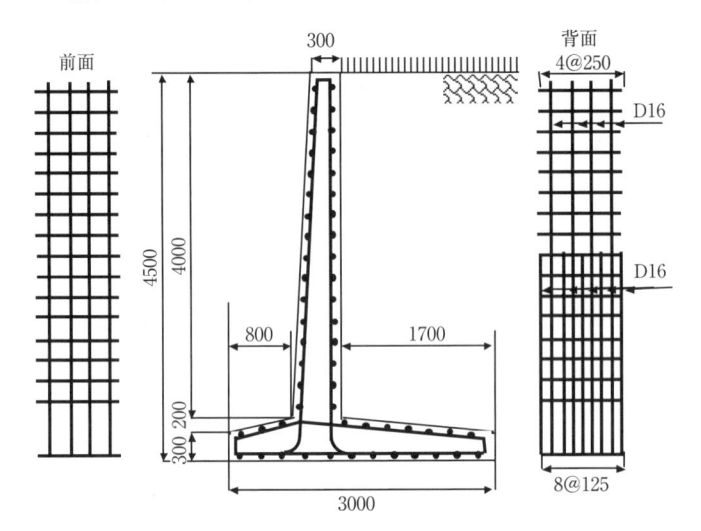

図6　逆T形擁壁のたて壁の配筋図

付録 3 許容応力度設計法による鉄筋コンクリート逆 T 形擁壁の設計例

1. 一般条件

1.1 構造形式および基本諸元

1) 形式および寸法：鉄筋コンクリート逆 T 形擁壁（高さ 4.5m）
2) 基礎形式：直接基礎
3) 上載荷重：$q=10\,\text{kN/m}^2$
4) 鉄筋コンクリートの単位体積質量：$\gamma_c=24.5\,\text{kN/m}^3$
5) 土の単位体積質量　$\gamma_s=19\,\text{kN/m}^3$
6) 土の内部摩擦角　$\phi=30°$
7) 使用材料：
   コンクリート（設計基準強度 $f_{ck}'=24\,\text{N/mm}^2$）
   鉄筋 SD345（降伏強度 $f_y=345\,\text{N/mm}^2$）
8) 地震時の検討は省略する．
9) 準拠基準：道路土工 ― 擁壁工指針（平成 13 年，日本道路協会）

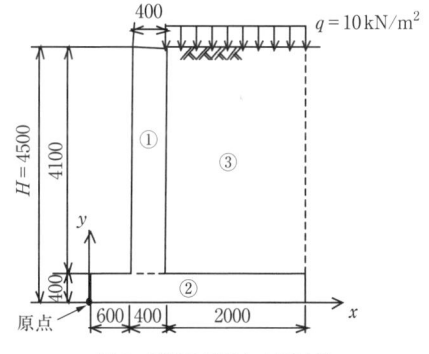

図1　擁壁の形状および寸法

1.2 許容応力度

コンクリートおよび鉄筋の許容応力度は表 1 のとおりとする．

表 1　許容応力度

材料	許容応力度（単位：N/mm²）		
コンクリート	曲げ圧縮応力	σ_{ca}'	9
	せん断応力	τ_{a1}	0.45
	付着応力	τ_{oa}	1.6
鉄筋	引張応力	σ_{sa}	196

1.3 安定計算

擁壁の安定に関しては，滑動に対する安定，転倒に対する安定，支持地盤の支持力に対する安定，について検討する．

かかと版の上の土砂は擁壁が変位する場合には擁壁と同じ挙動をすると考えられる．したがって安定検討に際しては，底版かかとから鉛直上方へ伸ばした線を仮想背面として設定し，たて壁，底版，仮想背面に囲まれた領域を躯体の一部と考えて設計を行う（図 1）．

1) 滑動に対する安定

擁壁を底版下面に沿って滑らせようとする滑動力（土圧）に対して，底版と支持地盤の間に生じる滑動抵抗力（摩擦）が不足すると，擁壁は前面に押し出されるように滑動する（図2）．滑動に対する安全率 F_s は，次式によって求められ，1.5を下回ってはならない．

$$F_s = \frac{\text{滑動に対する抵抗力}}{\text{滑動力}} = \frac{\sum V_i \cdot \mu + c_b \cdot B}{\sum H_i}$$

ここに，$\sum V_i$：底版下面における全鉛直荷重
　　　　$\sum H_i$：底版下面における全水平荷重
　　　　μ：底版と支持地盤の間の摩擦係数（本課題では $\mu = 0.6$）
　　　　c_b：底版と支持地盤の間の粘着力（本課題では $c_b = 0 \text{ kN/m}^2$）

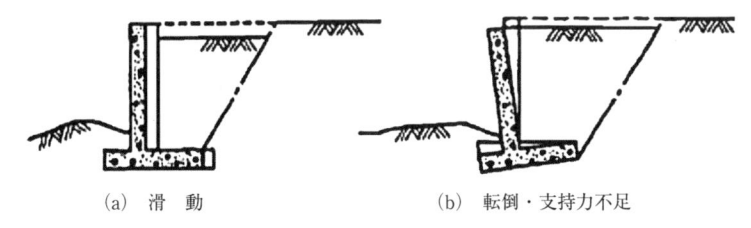

　　　(a) 滑　動　　　　　　　(b) 転倒・支持力不足
図2　擁壁の破壊形態の例（道路土工—擁壁工指針）

2) 転倒に対する安定

擁壁に作用する自重や土圧などのさまざまな荷重の作用により，図2（b）のような変形を起こさないよう，擁壁の転倒に関する安定性を検討する必要がある．底版つま先から合力の作用点までの距離 x_0 は次式で表される．

$$x_0 = \frac{\sum M_r - \sum M_0}{\sum V}$$

ここに，$\sum M_r$：底版つま先回りの抵抗モーメント，$\sum M_0$：底版つま先回りの転倒モーメント．

転倒に対する安定条件として，合力の作用点は底版中央の底版幅1/3の範囲内になければならない．すなわち，次式を満足しなければならない．

$$|e| = \left| \frac{B}{2} - x_0 \right| \leq \frac{B}{6}$$

ここに，B：底版の幅．

3) 鉛直支持に対する安定

擁壁に作用する鉛直力（擁壁の自重および背面土砂の自重）は支持地盤によって支持されるが，支持地盤の支持力が不足すると，底版のつま先またはかかとが支持地盤

にめり込むような変形を起こすおそれがある（図2）．合力作用点が底版中央の底版幅1/3の中にある場合は，地盤反力は次式によって求められる．地盤反力は許容支持力度 q_a を上回ってはならない．

$$q_1 = \frac{V}{B}\left(1 + 6 \times \frac{e}{B}\right) \leq q_a$$

$$q_2 = \frac{V}{B}\left(1 - 6 \times \frac{e}{B}\right) \leq q_a$$

ここに，q_a：地盤の許容支持力（本課題では 300 kN/m^2）．

2. 土圧の算定

擁壁に作用する土圧は，一般に，試行くさび法によって算定する（図3）．力の釣合い条件より，P_a はすべり面が水平面に対してなす角度 ω の関数として得られる．

$$P_a = W \frac{\sin(\omega - \phi)}{\cos(\omega - \phi - \varepsilon - \delta)}$$

ここに，W：土くさびの重量（載荷重を含む），次式により求める．

$$W = \left(\frac{1}{2}\gamma_s H + q\right) \cdot H \cdot \cot \omega$$

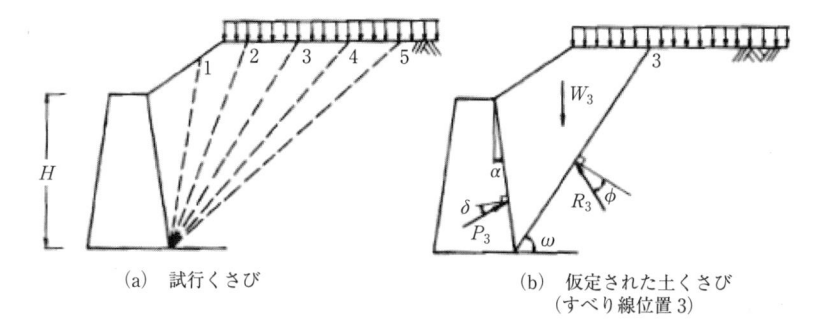

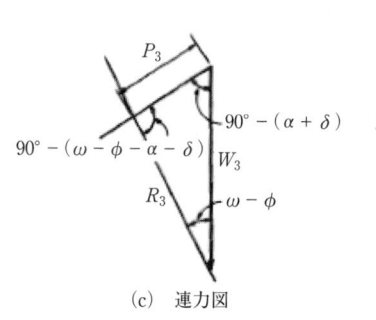

(a) 試行くさび

(b) 仮定された土くさび
（すべり線位置3）

W_3：大きさと方向既知
P_a, R_s：方向のみ既知

$$P_3 = \frac{W_3 \cdot \sin(\omega - \phi)}{\cos(\omega - \phi - \alpha - \delta)}$$

ここに
W：土くさびの重量（載荷重を含む）(kN/m)
R：すべり面に作用する反力 (kN/m)
P：土圧合力 (kN/m)
α：壁背面と鉛直面のなす角（°）
ϕ：裏込め土のせん断抵抗角（°）
δ：壁面摩擦角（°）
ω：仮定したすべり面と水平面のなす角（°）

(c) 連力図

図3 試行くさび法（道路土工―擁壁工指針）

このときに ω を変化させたときに最大となる P_a が設計時に考慮すべき主働土圧である（図3）.

土圧の水平成分　$P_H = P_a \cdot \cos(\alpha+\delta) = \left(\frac{1}{2}\gamma_s H + q\right) \cdot H \cdot K_H$

土圧の鉛直成分　$P_V = P_a \cdot \sin(\alpha+\delta) = \left(\frac{1}{2}\gamma_s H + q\right) \cdot H \cdot K_V$

水平方向の土圧係数　$K_H = \dfrac{\cot\omega \cdot \sin(\omega-\phi)}{\cos(\omega-\phi-\alpha-\delta)}\cos(\alpha+\delta)$

鉛直方向の土圧係数　$K_V = \dfrac{\cot\omega \cdot \sin(\omega-\phi)}{\cos(\omega-\phi-\alpha-\delta)}\sin(\alpha+\delta)$

3. 安 定 計 算

擁壁の形状および寸法を図1のように仮定する．計算は擁壁の長さ1mあたりで行う．

3.1 自　重

(1) 擁壁の各部の重量および重心

擁壁を，たて壁①および底版②に分けて計算を行う．表2の計算結果により，重心位置を以下のように求める．

表2　擁壁の重量と回転モーメント

区分	幅×高さ×γ (m×m×kN/m³)	鉛直力 V_i(kN)	原点から重心までの距離 x_i (m)	原点から重心までの距離 y_i (m)	回転モーメント M_{xi} (kN·m)	回転モーメント M_{yi} (kN·m)
①	0.4×4.1×24.5	40.18	0.60+0.40/2=0.80	0.40+4.10/2=2.45	32.14	98.44
②	3.0×0.4×24.5	29.40	3.00/2=1.50	0.40/2=0.20	44.10	5.88
合計		69.58	—	—	76.24	104.32

$$x_0 = \frac{\sum M_{xi}}{\sum V_i} = \frac{76.24}{69.58} = 1.10 \text{ m}$$

$$y_0 = \frac{\sum M_{yi}}{\sum V_i} = \frac{104.32}{69.58} = 1.50 \text{ m}$$

(2) 背面土砂の重量および重心

背面土砂の重量および重心位置を，表3に示すように算出する．

表3　背面土砂の重量と回転モーメント

区分	幅×高さ×γ (m×m×kN/m³)	鉛直力 V_i(kN)	原点から重心までの距離 x_i (m)	原点から重心までの距離 y_i (m)	回転モーメント M_{xi} (kN·m)	回転モーメント M_{yi} (kN·m)
③	2.00×4.10×19	155.80	1.00+2.00/2=2.00	0.40+4.10/2=2.45	311.60	381.71

3.2 土　圧

仮想背面に作用する土圧は，「2.土圧の算定」のところで示したように試行くさび

法により計算する．

各すべり角 ω に対して土圧合力を試算した結果を表4に示す．この計算結果から，最大主働土圧合力は $\omega=60°$ のときに生じる．

表4 各すべり角に対する主働土圧合力（長さ1mあたり）

すべり角 ω (°)	くさび土砂 (kN)	上載荷重 (kN)	合計 W (kN)	土圧合力 P (kN)
58	120.2	28.1	148.3	78.87
59	115.6	27.0	142.6	79.06
60	111.1	26.0	137.0	79.13
61	106.6	24.9	131.6	79.06
62	102.3	23.9	126.2	78.87

なお，本課題における各係数は以下のとおりである．

$\begin{cases} 仮想背面が鉛直面となす角 \quad \alpha=0°, のり面勾配 \quad \beta=0° \\ 背面土砂の内部摩擦角 \quad \phi=30° \\ 仮想背面に対する壁面摩擦角 \quad \delta=0°（土-土） \\ たて壁に対する壁面摩擦角 \quad \delta=\frac{2}{3}\phi=20°（土-コンクリート） \end{cases}$

よって，仮想背面に作用する土圧は，以下のとおり算出される．

$$K_H = \frac{\cot 60° \cdot \sin(60°-30°)}{\cos(60°-30°-0°-0°)} \cos(0°+0°) = 0.3333$$

土圧 P_{H1} および上載荷重による土圧 P_{H2} はつぎのように計算する．

$$P_H = P_{H1} + P_{H2} = \frac{1}{2} \cdot \gamma_s \cdot H^2 \cdot K_H + q \cdot H \cdot K_H$$

$$= \frac{1}{2} \times 0.3333 \times 19 \times 4.5^2 + 10 \times 4.5 \times 0.3333 = 64.119 + 14.999 = 79.118 \text{ kN}$$

P_{H1} および P_{H2} の作用位置は，底版の下面からそれぞれ $\frac{1}{3}H$ および $\frac{1}{2}H$ である（図4参照）．

3.3 上載荷重

背面土砂の上に作用する上載荷重はつぎのように計算する．

$$V = q \times 2.0 = 10.0 \times 2.0 = 20.0 \text{ kN}$$

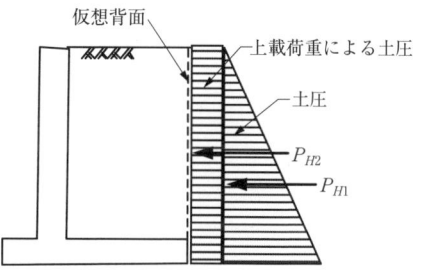

図4 安定検討時の土圧作用面

上載荷重の合力の作用位置は，$x = 1.0 + \frac{2.0}{2} = 2.0$ m，$y = 4.5$ m である．

3.4 安定計算

上記の3.1～3.3の計算結果をまとめると**表5**のとおりである．

表5 回転モーメント

項目	鉛直力 V_i(kN)	水平力 H_i(kN)	アーム長 x_i(m)	アーム長 y_i(m)	回転モーメント $M_{xi}=V_ix_i$(kN·m)	回転モーメント $M_{yi}=H_iy_i$(kN·m)
擁壁自重①	40.18	0	0.80	2.45	32.14	0
②	29.40	0	1.50	0.20	44.10	0
土砂自重	155.80	0.00	2.00	2.45	311.60	0
土圧 P_{H1}	0	64.12	3.00	1.50	0	96.18
P_{H2}	0	15.00	3.00	2.25	0	33.75
上載荷重	20.0	0	2.00	4.50	40.00	0
合計	245.38	79.12			427.84	129.93

原点から合力の作用点までの距離 x_0 は次式で表すことができる.

$$x_0 = \frac{\sum M_{xi} - \sum M_{yi}}{\sum V_i} = \frac{427.84 - 129.82}{245.38} = 1.21 \text{ m}$$

1) 転倒に対する安定

$$|e| = \left|\frac{B}{2} - x_0\right| = \left|\frac{3.00}{2} - 1.21\right| = 0.29 \text{ m} < \frac{B}{6} = 0.50 \text{ m} \quad \cdots \text{O.K.}$$

2) 滑動に対する安定

$$F_s = \frac{\sum V_i \cdot \mu + c_b \cdot B}{\sum H_i} = \frac{245.38 \times 0.6 + 0 \times 3.0}{79.05} = 1.86 > 1.5 \quad \cdots \text{O.K.}$$

3) 地盤支持力に対する安定

$$q_1 = \frac{V}{B}\left(1 + 6 \times \frac{e}{B}\right) = \frac{245.38}{3.0} \times \left(1 + 6 \times \frac{0.29}{3.0}\right) = 129.23 \text{ kN/m}^2 < 300 \text{ kN/m}^2 \quad \cdots \text{O.K.}$$

$$q_2 = \frac{V}{B}\left(1 - 6 \times \frac{e}{B}\right) = \frac{245.38}{3.0} \times \left(1 - 6 \times \frac{0.29}{3.0}\right) = 34.35 \text{ kN/m}^2 < 300 \text{ kN/m}^2 \quad \cdots \text{O.K.}$$

4. たて壁の設計

たて壁は,底版との結合部を固定端とする片持ばりとして設計する.部材設計において考慮する荷重は,主働土圧の水平成分とし,主働土圧の鉛直成分およびたて壁自重は無視してよい.

4.1 土　圧

たて壁に作用する土圧は,「2. 土圧の算定」のところで示したように試行くさび法により計算する.

各すべり角 ω に対して試算した結果を表6に示す.この結果から,最大主働土圧合力は $\omega = 56°$ のときに生じる.よって,たて壁に作用する土圧は以下のように算出される.

$$K_H = \frac{\cot 56° \cdot \sin(56° - 30°)}{\cos(56° - 30° - 0° - 20°)} \cos(0° + 20°) = 0.2794$$

表6 各すべり角に対する主働土圧合力（長さ1mあたり）

すべり角 ω (°)	くさび土砂 (kN)	上載荷重 (kN)	合計 W (kN)	土圧合力 P (kN)
54	116.0	29.8	145.8	59.45
55	111.8	28.7	140.5	59.62
56	107.7	27.7	135.4	59.67
57	103.7	26.6	130.3	59.61
58	99.8	25.6	125.4	59.45

$$K_V = \frac{\cot 56° \cdot \sin(56°-30°)}{\cos(56°-30°-0°-20°)} \sin(0°+20°) = 0.1017$$

$$P_H = P_{H1} + P_{H2} = \frac{1}{2} \cdot \gamma_s \cdot H^2 \cdot K_H + q \cdot H \cdot K_H$$

$$= \frac{1}{2} \times 19 \times 4.1^2 \times 0.2794 + 10 \times 4.1 \times 0.2794 = 44.619 + 11.455 = 56.074 \text{ kN}$$

$$P_V = P_{V1} + P_{V2} = \frac{1}{2} \cdot \gamma_s \cdot H^2 \cdot K_V + q \cdot H \cdot K_V$$

$$= \frac{1}{2} \times 19 \times 4.1^2 \times 0.1017 + 10 \times 4.1 \times 0.1017$$

$$= 16.241 + 4.170 = 20.411 \text{ kN}$$

土圧の合力 P_{H1} および P_{H2} の作用位置は，底版の上面からそれぞれ $(1/3)h$ および $(1/2)h$ である（図5参照）．

4.2 断面力

たて壁の付け根における曲げモーメント M およびせん断力 S はつぎのように計算する．

図5 たて壁に作用する土圧

$$S = P_H = 56.07 \text{ kN}$$

$$M = P_{H1} \cdot \frac{h}{3} + P_{H2} \cdot \frac{h}{2} = 44.619 \times \frac{4.1}{3} + 11.455 \times \frac{4.1}{2} = 84.46 \text{ kN·m}$$

4.3 断面の算定

断面の有効高さを 300 mm と仮定し，必要鉄筋量 A_s を簡略式により求める．

$$A_s = \frac{M}{\sigma_{sa} \times (7/8) \times d} = \frac{84.46 \times 10^6}{196 \times (7/8) \times 300}$$

$$= 1641.6 \text{ mm}^2$$

引張鉄筋として D25 を 250 mm 間隔（擁壁の長さ 1m あたり 4本）に配置し，$A_s = 2027$ mm^2 とする（図6参照）．

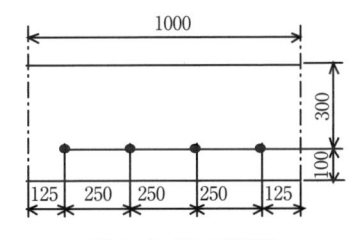

図6 たて壁の断面図

4.4 応力の照査

設定した断面について，コンクリートの圧縮縁応力度，鉄筋の引張応力度，コンク

リートのせん断応力度，付着応力度を計算し，許容応力度以下であることを確認する．

$$x=\frac{nA_s}{b}\times\left(-1+\sqrt{1+\frac{2bd}{nA_s}}\right)=\frac{15\times 2027}{1000}\times\left(-1+\sqrt{1+\frac{2\times 1000\times 300}{15\times 2027}}\right)=108.0 \text{ mm}$$

$$\sigma_s=\frac{M}{A_s\left(d-\frac{x}{3}\right)}=\frac{84.46\times 10^6}{2027\times\left(300-\frac{108}{3}\right)}=157.8 \text{ N/mm}^2\leqq\sigma_{sa}=196 \text{ N/mm}^2 \quad\cdots\text{O.K.}$$

$$\sigma_c'=\frac{2M}{bx\left(d-\frac{x}{3}\right)}=\frac{2\times 84.46\times 10^6}{1000\times 108.0\times\left(300-\frac{108}{3}\right)}=5.92 \text{ N/mm}^2\leqq\sigma_{ca}'=9 \text{ N/mm}^2 \quad\cdots\text{O.K.}$$

$$\tau=\frac{S}{b\left(d-\frac{x}{3}\right)}=\frac{56.07\times 10^3}{1000\times\left(300-\frac{108}{3}\right)}=0.21 \text{ N/mm}^2\leqq\tau_{a1}=0.45 \text{ N/mm}^2 \quad\cdots\text{O.K.}$$

$$\tau_0=\frac{S}{U\left(d-\frac{x}{3}\right)}=\frac{56.07\times 10^3}{320\times\left(300-\frac{108}{3}\right)}=0.66 \text{ N/mm}^2\leqq\tau_{0a}=1.6 \text{ N/mm}^2 \quad\cdots\text{O.K.}$$

以上のように，いずれも許容応力度以下となっており安全である．

5. つま先版の設計

5.1 断面力

つま先版は，たて壁との結合部を固定端とする片持ばりとして設計する．部材設計において考慮をする荷重は，①上向きの地盤反力，②下向きのつま先版自重とし，つま先版上部の土の重量は無視してよい．また，部材設計の照査位置は，曲げモーメントに対してはたて壁の基部，せん断力に対してはたて壁の前面から底版厚さの1/2離れた位置とする（図7参照）．

表7の計算結果より，設計曲げモーメントMは以下のとおりである．

$$M=20.36 \text{ kN}\cdot\text{m}$$

設計せん断力Sは，たて壁の前面から0.2 m（底版の厚さの1/2）離れた位置について検討するので以下のとおりである．

$$S=\frac{129.23+116.58}{2}\times 0.4-0.4\times 0.4\times 24.5=45.24 \text{ kN}$$

5.2 断面の算定

断面の有効高さを300 mmと仮定し，必要鉄筋量A_sを簡略式により求める．

$$A_s=\frac{M}{\sigma_{sa}\times(7/8)\times d}=\frac{20.36\times 10^6}{196\times(7/8)\times 300}=396 \text{ mm}^2$$

引張鉄筋としてD13を250 mm間隔（擁壁1 mあたり4本）に配置し，$A_s=506.7$ mm^{2}とする．

付録3　許容応力度設計法による鉄筋コンクリート逆T形擁壁の設計例　　　167

表7　つま先版付け根の断面力

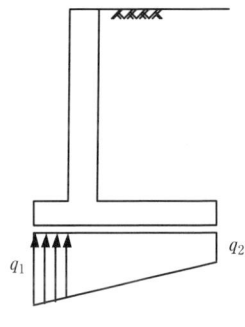

項目	せん断力 V_i (kN)	重心までの距離 (m)	曲げモーメント $M_{xi}=V_i x_i$ (kN·m)
つま先版自重	$-(0.4\times0.6\times24.5)=-5.88$	0.3	-1.76
地盤反力　①	$110.25\times0.6=66.15$	0.3	19.85
②	$18.98\times0.6\times(1/2)=5.69$	0.4	2.28
合計	65.96		20.36

注）　地盤反力は台形分布を長方形分布①と三角形分布②に分けて算出している．

図7　つま先版に作用する荷重

5.3　応力の照査

設定した断面について，コンクリートの圧縮縁応力度，鉄筋の引張応力度，コンクリートのせん断応力度，付着応力度を計算し，許容応力度以下であることを確認する．

$$x=\frac{nA_s}{b}\times\left(-1+\sqrt{1+\frac{2bd}{nA_s}}\right)=\frac{15\times506.7}{1000}\times\left(-1+\sqrt{1+\frac{2\times1000\times300}{15\times506.7}}\right)=60.4\text{ mm}$$

$$\sigma_s=\frac{M}{A_s\left(d-\dfrac{x}{3}\right)}=\frac{20.36\times10^6}{506.7\times\left(300-\dfrac{60.4}{3}\right)}=143.6\text{ N/mm}^2\leq\sigma_{sa}=196\text{ N/mm}^2\quad\cdots\text{O.K.}$$

$$\sigma_c'=\frac{2M}{bx\left(d-\dfrac{x}{3}\right)}=\frac{2\times20.36\times10^6}{1000\times60.4\times\left(300-\dfrac{60.4}{3}\right)}=2.41\text{ N/mm}^2\leq\sigma_{ca}'=9\text{ N/mm}^2\quad\cdots\text{O.K.}$$

$$\tau=\frac{S}{b\left(d-\dfrac{x}{3}\right)}=\frac{45.24\times10^3}{1000\times\left(300-\dfrac{60.4}{3}\right)}=0.16\text{ N/mm}^2\leq\tau_{a1}=0.45\text{ N/mm}^2\quad\cdots\text{O.K.}$$

$$\tau_0=\frac{S}{U\left(d-\dfrac{x}{3}\right)}=\frac{45.24\times10^3}{160\times\left(300-\dfrac{60.4}{3}\right)}=1.01\text{ N/mm}^2\leq\tau_{0a}=1.6\text{ N/mm}^2\quad\cdots\text{O.K.}$$

以上のように，いずれも許容応力度以下となっており安全である．

6.　かかと版の設計

6.1　断面力

かかと版は，つま先版と同様に，たて壁との結合部を固定端とする片持ばりとして設計する．部材設計において考慮をする荷重は，①かかと版上の裏込め土の重量，②主働土圧の鉛直成分，③地表面の載荷重，④かかと版自重，⑤地盤反力とする．ここで，主働土圧の鉛直分力については，これと同値な三角形分布の土圧に置き換えるも

のとする(**図8**参照).

また,このようにして求めたかかと版つけ根における曲げモーメント(M_3)は,「4.2 断面力」の項で算出したたて壁つけ根における曲げモーメント(M_1)を超えないものとする.かかと版つけ根の曲げモーメントがたて壁つけ根の曲げモーメントより大きくなる($M_3 > M_1$)場合は,部材設計に用いるかかと版つけ根の曲げーモーメントとして,M_1を用いる.

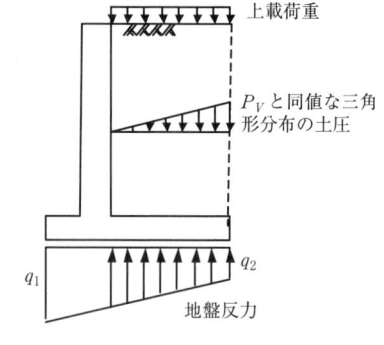

図8 かかと版に作用する荷重

表8の計算結果より,設計曲げモーメント M および設計せん断力 S は以下のとおりである.

$$M_3 = 136.34 \text{ kN·m} > M_1 = 84.46 \text{ kN·m}$$

$M_3 > M_1$ となるので,設計曲げモーメントしてM_1を用いる.

$$M = 84.46 \text{ kN·m}$$
$$S = 83.86 \text{ kN}$$

6.2 断面の算定

断面の有効高さを 300 mm と仮定し,必要鉄筋量 A_s を簡略式により求める.

$$A_s = \frac{M}{\sigma_{sa} \times (7/8) \times d} = \frac{84.46 \times 10^6}{196 \times (7/8) \times 300} = 1641.6 \text{ mm}^2$$

引張鉄筋として D25 を 250 mm 間隔(擁壁 1 m あたり 4 本)に配置し,$A_s = 2027 \text{ mm}^2$ とする.

6.3 応力の照査

設定した断面について,コンクリートの圧縮縁応力度,鉄筋の引張応力度,コンクリートのせん断応力度,付着応力度を計算し,許容応力度以下であることを確認する.

表8 かかと版つけ根の断面力

項目	せん断力 V_i (kN)	重心までの距離 (m)	曲げモーメント $Mx_i = V_i x_i$ (kN·m)
かかと版自重	$0.4 \times 2.0 \times 24.5 = 19.60$	1.00	19.60
裏込め土自重	$2.00 \times 4.10 \times 19 = 155.80$	1.00	155.80
上載荷重	$10.0 \times 2.0 = 20.00$	1.00	20.00
土圧鉛直成分	20.41	1.333	27.21
地盤反力 ①	$-34.35 \times 2.0 = -68.70$	2.00	-44.10
②	$-63.25 \times 2.0 \times (1/2) = -63.25$	0.6667	-42.17
合計	83.86		136.34

注)地盤反力は台形分布を長方形分布①と三角形分布②に分けて計算している.

$$x = \frac{nA_s}{b} \times \left(-1 + \sqrt{1 + \frac{2bd}{nA_s}}\right) = \frac{15 \times 2027}{1000} \times \left(-1 + \sqrt{1 + \frac{2 \times 1000 \times 300}{15 \times 2027}}\right) = 108.0 \text{ mm}$$

$$\sigma_s = \frac{M}{A_s\left(d - \frac{x}{3}\right)} = \frac{84.46 \times 10^6}{2027 \times \left(300 - \frac{108}{3}\right)} = 157.8 \text{ N/mm}^2 \leq \sigma_{sa} = 196 \text{ N/mm}^2 \quad \cdots \text{O.K.}$$

$$\sigma_c' = \frac{2M}{bx\left(d - \frac{x}{3}\right)} = \frac{2 \times 84.46 \times 10^6}{1000 \times \left(300 - \frac{108}{3}\right)} = 5.92 \text{ N/mm}^2 \leq \sigma_{ca}' = 9 \text{ N/mm}^2 \quad \cdots \text{O.K.}$$

$$\tau = \frac{S}{b\left(d - \frac{x}{3}\right)} = \frac{83.86 \times 10^3}{1000 \times \left(300 - \frac{108}{3}\right)} = 0.32 \text{ N/mm}^2 \leq \tau_{a1} = 0.45 \text{ N/mm}^2 \quad \cdots \text{O.K.}$$

$$\tau_0 = \frac{S}{U\left(d - \frac{x}{3}\right)} = \frac{83.86 \times 10^3}{320 \times \left(300 - \frac{108}{3}\right)} = 0.99 \text{ N/mm}^2 \leq \tau_{0a} = 1.6 \text{ N/mm}^2 \quad \cdots \text{O.K.}$$

以上のように，いずれも許容応力度以下となっており安全である．

7. 構造細目

7.1 用心鉄筋

たて壁の前面には，乾燥収縮および温度変化によるひび割れを防ぐために，たて壁の高さ 1 m あたりに対して 500 mm² 以上の全断面積の鉄筋を中心間隔 300 mm 以下に水平方向に配置する．D13 を 250 mm 間隔に配置することにすると，$A_s = 506.7$ mm² となり規定を満足する．

7.2 配力鉄筋

たて壁，つま先版，かかと版には，主鉄筋の働きを効果的にするために，主鉄筋量の 1/6 以上の配力鉄筋を，主鉄筋と直角に配置する．

主鉄筋は以下のように配置されている．

　　たて壁　：D25 を 250 mm 間隔（$A_s = 2027$ mm²）
　　つま先版：D13 を 250 mm 間隔（$A_s = 506.7$ mm²）
　　かかと版：D25 を 250 mm 間隔（$A_s = 2027$ mm²）

そこで，これらの鉄筋量の 1/6 以上とすることを考慮して，たて壁，つま先版，かかと版に，配力鉄筋として D13 を 250 mm（$A_s = 506.7$ mm²）間隔に配置する．

資料1　逆T形擁壁の配筋図

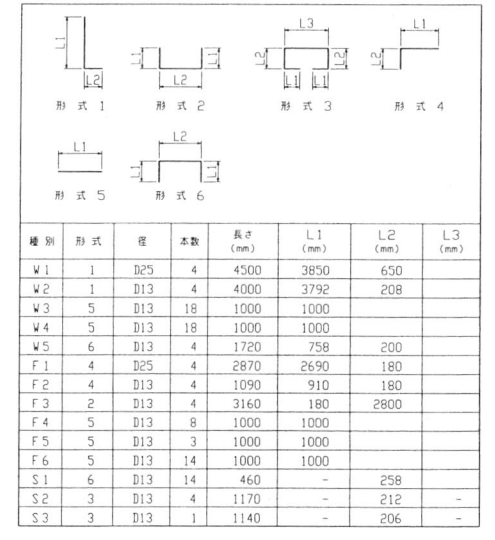

資料 1　逆 T 形擁壁の配筋図

鉄筋加工表　（1m当たり）

形式 1 / 形式 2 / 形式 3 / 形式 4 / 形式 5 / 形式 6

種別	形式	径	本数	長さ(mm)	L1(mm)	L2(mm)	L3(mm)
W1	1	D25	4	4500	3850	650	
W2	1	D13	4	4000	3792	208	
W3	5	D13	18	1000	1000		
W4	5	D13	18	1000	1000		
W5	6	D13	4	1720	758	200	
F1	4	D25	4	2870	2690	180	
F2	4	D13	4	1090	910	180	
F3	2	D13	4	3160	180	2800	
F4	5	D13	8	1000	1000		
F5	5	D13	3	1000	1000		
F6	5	D13	14	1000	1000		
S1	6	D13	14	460	-	258	
S2	3	D13	4	1170	-	212	-
S3	3	D13	1	1140	-	206	-

設計条件

項目	単位	常時	地震時
擁壁高	m	4.500	
盛土高	m		
盛土勾配	-		
裏込め土の種類	-		
設計水平震度			
単位体積重量 土砂	kN/m³		
鉄筋コンクリート	kN/m³	24.5	
コンクリート設計基準強度	N/mm²	24	
許容応力度 コンクリート曲げ圧縮応力度	N/mm²	8	12
コンクリートせん断応力度	N/mm²	0.39	0.58
鉄筋応力度(SD345)	N/mm²	160	300
許容支持力度	kN/m²	300	450
滑動安全率	-	1.5	1.2
土圧係数 KH	-		
Kv	-		

材料表　（1m当たり）

種別		単位	数量	摘要
コンクリート	たて壁	m³	1.640	
	底版	m³	1.200	
	計	m³	2.840	
型枠	たて壁	m²	8.200	
	底版	m²	0.800	
	薄型枠	m²		2.840
	計	m²	9.000	
鉄筋	D25	kg	117.332	
	D13	kg	112.577	
	計	kg	229.909	
基礎材		m²		
		m²		

鉄筋質量表　（1m当たり）

種別	径	長さ(mm)	本数	単位質量(kg/m)	1本当たり質量(kg)	質量(kg)	摘要
W1	D25	4500	4	3.98	17.910	71.640	L
W2	D13	4000	4	0.995	3.980	15.920	⌐
W3	D13	1000	18	0.995	0.995	17.910	—
W4	D13	1000	18	0.995	0.995	17.910	—
W5	D13	1720	4	0.995	1.711	6.844	⌐
F1	D25	2870	4	3.98	11.423	45.692	⌐
F2	D13	1090	4	0.995	1.085	4.340	⌐
F3	D13	3160	4	0.995	3.144	12.576	⌐⌐
F4	D13	1000	8	0.995	0.995	7.960	—
F5	D13	1000	3	0.995	0.995	2.985	
F6	D13	1000	14	0.995	0.995	13.930	—
S1	D13	460	14	0.995	0.458	6.412	⌐
S2	D13	1170	4	0.995	1.164	4.656	⌐
S3	D13	1140	1	0.995	1.134	1.134	⌐

（国土交通省制定土木構造物標準設計第 2 巻，日本建設技術協会，2000 より）

資料2　鉄筋の寸法・断面積・質量

異形棒鋼の寸法，断面積，質量

呼び名	公称直径 (d)mm	公称周長 (l)mm	公称断面積 (S)mm²	単位質量 kg/m	断面積 (mm²) 2本	3本	4本	5本	6本	7本	8本	9本	10本
D4	4.23	13	14.05	0.110	28.11	42.16	56.21	70.27	84.32	98.37	112.4	126.5	140.5
D5	5.29	17	21.98	0.173	43.96	65.94	87.91	109.9	131.9	153.9	175.8	197.8	219.8
D6	6.35	20	31.67	0.249	63.34	95.01	126.7	158.3	190.0	221.7	253.4	285.0	316.7
D8	7.94	25	49.51	0.389	99.03	148.5	198.1	247.6	297.1	346.6	396.1	445.6	495.1
D10	9.53	30	71.33	0.560	142.7	214.0	285.3	356.7	428.0	499.3	570.6	642.0	713.3
D13	12.7	40	126.7	0.994	253.4	380.0	506.7	633.4	760.1	886.7	1013	1140	1267
D16	15.9	50	198.6	1.56	397.1	595.7	794.2	992.8	1191	1390	1588	1787	1986
D19	19.1	60	286.5	2.25	573.0	859.6	1146	1433	1719	2006	2292	2579	2865
D22	22.2	70	387.1	3.04	774.2	1161	1548	1935	2322	2710	3097	3484	3871
D25	25.4	80	506.7	3.98	1013	1520	2027	2534	3040	3547	4054	4560	5067
D29	28.6	90	642.4	5.04	1285	1927	2570	3212	3855	4497	5139	5782	6424
D32	31.8	100	794.2	6.23	1588	2383	3177	3971	4765	5560	6354	7148	7942
D35	34.9	110	956.6	7.51	1913	2870	3827	4783	5740	6696	7653	8610	9566
D38	38.1	120	1140	8.95	2280	3420	4560	5700	6841	7981	9121	10261	11401
D41	41.3	130	1340	10.5	2679	4019	5359	6698	8038	9378	10717	12057	13396
D51	50.8	160	2027	15.9	4054	6081	8107	10134	12161	14188	16215	18242	20268

丸鋼の断面積，質量

径 mm	単位質量 kg/m	断面積 (mm²) 1本	2本	3本	4本	5本	6本	7本	8本	9本	10本
5.5	0.186	23.76	47.52	71.28	95.03	118.8	142.6	166.3	190.1	213.8	237.6
6	0.222	28.27	56.55	84.82	113.1	141.4	169.6	197.9	226.2	254.5	282.7
7	0.302	38.48	76.97	115.5	153.9	192.4	230.9	269.4	307.9	346.4	384.8
8	0.395	50.27	100.5	150.8	201.1	251.3	301.6	351.9	402.1	452.4	502.7
9	0.499	63.62	127.2	190.9	254.5	318.1	381.7	445.3	508.9	572.6	636.2
10	0.617	78.54	157.1	235.6	314.2	392.7	471.2	549.8	628.3	706.9	785.4
11	0.746	95.03	190.1	285.1	380.1	475.2	570.2	665.2	760.3	855.3	950.3
12	0.888	113.1	226.2	339.3	452.4	565.5	678.6	791.7	904.8	1018	1131
13	1.04	132.7	265.5	398.2	530.9	663.7	796.4	929.1	1062	1195	1327
(14)	1.21	153.9	307.9	461.8	615.8	769.7	923.6	1078	1232	1385	1539
16	1.58	201.1	402.1	603.2	804.2	1005	1206	1407	1608	1810	2011
(18)	2.00	254.5	508.9	763.4	1018	1272	1527	1781	2036	2290	2545
19	2.23	283.5	567.1	850.6	1134	1418	1701	1985	2268	2552	2835
20	2.47	314.2	628.3	942.5	1257	1571	1885	2199	2513	2827	3142
22	2.98	380.1	760.3	1140	1521	1901	2281	2661	3041	3421	3801
24	3.55	452.4	904.8	1357	1810	2262	2714	3167	3619	4072	4524
25	3.85	490.9	981.8	1473	1964	2454	2945	3436	3927	4418	4909
(27)	4.49	572.6	1145	1718	2290	2863	3435	4008	4580	5153	5726
28	4.83	615.8	1232	1847	2463	3079	3695	4310	4926	5542	6158
30	5.55	706.9	1414	2121	2827	3534	4241	4948	5655	6362	7069
32	6.31	804.2	1608	2413	3217	4021	4825	5630	6434	7238	8042
:											

索　引

ア　行

アーチ　9
　　——機構　81
アーム長　48
安全係数　16
安全率　12,19

異形鉄筋　40
　　——の寸法特性　43
異形棒鋼　40

ウェブ　53

打継目　121

鋭角フック　113

押抜きせん断応力度　24
帯鉄筋　98,112
折曲鉄筋　24,78,114
折板スラブ　10

カ　行

重ね継手　119
荷重係数　17
かぶり　107
壁　7
可変角トラス理論　86

基本定着長　115
曲面スラブ　10
許容圧縮応力度　22
許容応力度　20
　　——の割増　22
　　——設計法　12,13,19

許容支圧応力度　21
許容せん断応力度　20
許容引張応力度　21
許容付着応力度　20
許容曲げ圧縮応力度　20
許容曲げひび割れ幅　61

隅角部　115
クリープ　38
　　——ひずみ　38

限界状態設計法　12,14,16

鋼材　40
　　——の材料特性　40
　　——の物理的特性　40
構造解析係数　17
構造細目　107
構造物係数　17
古典的トラス理論　84
コンクリート
　　——の圧縮強度試験　28
　　——の強度特性　28
　　——のクリープ特性　38
　　——の材料特性　27
　　——の収縮特性　38
　　——の設計基準強度　29
　　——の耐荷機構　81
　　——の熱伝導率　35
　　——の熱特性　35
　　——の熱膨張係数　37
　　——の比熱　36
　　——の変形特性　32
　　——のヤング係数　35
　　——強度の特性値　29
　　——許容応力度　20

　　——用補強鋼材　40

サ　行

最小鉄筋量　111
最大鉄筋量　111
材料係数　16
座屈現象　6

シェル　10
軸方向鉄筋　111
　　——の継手　119
軸力　96
シフト量　91
終局強度設計法　12,14
終局限界状態　16
修正トラス理論　84,86
使用限界状態　16
照査　19
伸縮継目　121

水平あき　109
水密構造　123
スターラップ　24,78,111
スラブ　7

静的強度　28
正鉄筋　117
せん断圧縮破壊　72,79
せん断応力　74,76
せん断応力度　23
せん断スパン比　79
せん断耐荷機構　81,83
せん断破壊　73
せん断補強鉄筋　78

索引

相互作用図　103
粗骨材のかみ合わせ　82
塑性変形　34

タ 行

耐震壁　7
ダウエル効果　82
たわみ（変形）　63
弾性理論　22
短柱　5

中立軸　45
　──比　47
長柱　5
長方形断面　45
直角フック　113
継手位置　118
釣合い鉄筋比　66
釣合い破壊　103

T形断面　45,53
鉄筋
　──のあき　109
　──の応力-ひずみ関係　42
　──の機械的性質　41
　──の基本定着長　115
　──の許容応力度　21
　──の最小あき　109
　──の継手　118
　──の定着　115
　──の定着長　115
鉄筋コンクリート　2
鉄筋比　48

等価応力ブロック　67
等価断面1次モーメント　48
等価断面2次モーメント　48
トラス理論　84
　可変角──　86
　古典的──　84
　修正──　84,86

ナ 行

斜め引張鉄筋　24
斜め引張破壊　72,79

斜めひび割れ　73
ネジ節鉄筋　41

ハ 行

ハウトラス　88
破壊エネルギー　31
破壊形式　65,72,79
破壊進行領域　30
柱　5
はり　5
　──の破壊性状　72
半円形フック　113
ハンチ　115,124

引張硬化　58
引張軟化　31
　──特性　31
ひび割れ間隔　58
ひび割れ幅　58
ひび割れ誘発目地　122
標準フック　113
疲労強度　28,31
疲労限界状態　16
ビンガム流体　27
ヒンジ　112

付加モーメント　6
複鉄筋断面　49
腹部コンクリート　86
部材係数　17
部材の有効高さ　23
フーチング　7
フックの法則　33,44
付着応力　58
　──度　24
付着強度　28
物理特性　28
負鉄筋　117
フープ鉄筋　118
フランジ　53
プレストレストコンクリート　2
平面部材　7
変形（たわみ）　63

変形特性　28
ポアソン数　34
ポアソン比　34
棒部材　5
細長比　96

マ 行

曲げ応力　74
曲げ応力度　45
曲げ圧縮破壊　66
曲げ引張破壊　65
曲げ耐力　65,66
曲げ破壊　72
丸鋼　40

無筋コンクリート　2

面取り　120

モーメントシフト　88,91

ヤ 行

ヤング係数　33,45
ヤング係数比　45

有効換算断面2次モーメント　64
有効高さ　45

良いコンクリート　26
要求性能　11
用心鉄筋　111,120
横方向鉄筋　111
　──の継手　120

ラ 行

らせん鉄筋　98
ラーメン　5
ラーメン構造　115

立体曲面部材　9

著者略歴

宮澤 伸吾（みやざわ しんご）
1957年　神奈川県に生まれる
1982年　東京工業大学工学部卒業
現　在　足利工業大学工学部都市環境
　　　　工学科
　　　　教授・博士（工学）

氏家 勲（うじけ いさお）
1958年　香川県に生まれる
1981年　広島大学工学部卒業
現　在　愛媛大学大学院理工学研究科
　　　　生産環境工学専攻
　　　　教授・博士（工学）

笠井 哲郎（かさい てつろう）
1959年　山梨県に生まれる
1990年　広島大学大学院工学研究科博士
　　　　後期課程修了
現　在　東海大学工学部土木工学科
　　　　教授・工学博士

岩月 栄治（いわつき えいじ）
1963年　愛知県に生まれる
1988年　愛知工業大学大学院工学研究科修
　　　　士課程修了
現　在　愛知工業大学工学部都市環境学科
　　　　准教授・工学修士

大下 英吉（おおした ひでき）
1964年　広島県に生まれる
1992年　名古屋大学大学院工学研究科博士
　　　　後期課程中退
現　在　中央大学理工学部都市環境学科
　　　　教授・博士（工学）

溝渕 利明（みぞぶち としあき）
1959年　岐阜県に生まれる
1984年　名古屋大学大学院工学研究科修士
　　　　課程修了
現　在　法政大学デザイン工学部都市環境
　　　　デザイン工学科
　　　　教授・博士（工学）

基礎から学ぶ
鉄筋コンクリート工学　　　　定価はカバーに表示

2009年4月25日　初版第1刷
2019年2月1日　第10刷

著　者　宮　澤　伸　吾
　　　　岩　月　栄　治
　　　　氏　家　　　勲
　　　　大　下　英　吉
　　　　笠　井　哲　郎
　　　　溝　渕　利　明
発行者　朝　倉　誠　造
発行所　株式会社　朝倉書店
　　　　東京都新宿区新小川町 6-29
　　　　郵便番号　162-8707
　　　　電話 03(3260)0141
　　　　FAX 03(3260)0180
　　　　http://www.asakura.co.jp

〈検印省略〉

© 2009〈無断複写・転載を禁ず〉　　　Printed in Korea

ISBN 978-4-254-26154-7　C 3051

JCOPY　〈(社)出版者著作権管理機構 委託出版物〉

本書の無断複写は著作権法上での例外を除き禁じられています。複写される場合は、そのつど事前に、（社）出版者著作権管理機構（電話 03-3513-6969、FAX 03-3513-6979、e-mail: info@jcopy.or.jp）の許諾を得てください。

田澤栄一編著 米倉亜州夫・笠井哲郎・氏家　勲・
大下英吉・橋本親典・河合研至・市坪　誠著
エース土木工学シリーズ
エース コンクリート工学
26476-0　C3351　　　Ａ５判 264頁 本体3600円

最新の標準示方書に沿って解説。〔内容〕コンクリート用材料／フレッシュ・硬化コンクリートの性質／コンクリートの配合設計／コンクリートの製造・品質管理・検査／施工／コンクリート構造物の維持管理と補修／コンクリートと環境／他

前阪産大 西林新蔵編著
エース土木工学シリーズ
エース 建設構造材料（改訂新版）
26479-1　C3351　　　Ａ５判 164頁 本体3000円

土木系の学生を対象にした，わかりやすくコンパクトな教科書。改訂により最新の知見を盛り込み，近年重要な環境への配慮等にも触れた。〔内容〕総論／鉄鋼／セメント／混和材料／骨材／コンクリート／その他の建設構造材料

大塚浩司・庄谷征美・外門正直・
小出英夫・武田三弘・阿波　稔著
コンクリート工学（第2版）
26151-6　C3051　　　Ａ５判 184頁 本体2800円

基礎からコンクリート工学を学ぶための定評ある教科書の改訂版。コンクリートの性質理解のためわかりやすく体系化。〔内容〕歴史／セメント／骨材・水／混和材料／フレッシュコンクリート／強度／弾性・塑性・体積変化／耐久性／配合設計

東工大 大即信明・金沢工大 宮里心一著
朝倉土木工学シリーズ1
コンクリート材料
26501-9　C3351　　　Ａ５判 248頁 本体3800円

性能・品質という観点からコンクリート材料を体系的に展開する。また例題と解答例も多数掲載。〔内容〕コンクリートの構造／構成材料／フレッシュコンクリート／硬化コンクリート／配合設計／製造／施工／部材の耐久性／維持管理／解答例

芝浦工大 魚本健人著
コンクリート診断学入門
― 建造物の劣化対策 ―
26147-9　C3051　　　Ｂ５判 152頁 本体3600円

「危ない」と叫ばれ続けているコンクリート構造物の劣化診断・維持補修を具体的に解説。診断ソフトの事例付。〔内容〕コンクリート材料と地域性／配合の変化／非破壊検査／鋼材腐食／補強工法の選定と問題点／劣化診断ソフトの概要と事例／他

前阪大 渡辺史夫・近大 窪田敏行著
エース建築工学シリーズ
エース 鉄筋コンクリート構造
26864-5　C3352　　　Ａ５判 136頁 本体2800円

教育経験をもとに簡潔コンパクトに述べた教科書。〔内容〕鉄筋コンクリート構造／材料／曲げおよび軸力に対する梁・柱断面の解析／付着とせん断に対する解析／柱・梁の終局変形／柱・梁接合部の解析／壁の解析／床スラブ／例題と解

京大 田村　武著
構造力学
― 仮想仕事の原理を通して ―
20116-1　C3050　　　Ａ５判 168頁 本体2900円

「構造の力学」を通して「力学の構造」を学ぶことを主眼とし，初学者を悩ませる"仮想仕事の原理"を懇切丁寧に解説した好テキスト。〔内容〕トラス構造の基礎と仮想仕事の原理／弾性トラス構造の解法／はりの構造／はりの仮想仕事の式の応用

エンジニアリング振興協会 奥村忠彦編
土木工学選書
社会インフラ新建設技術
26531-6　C3351　　　Ａ５判 288頁 本体5500円

従来の建設技術は品質，コスト，工期，安全を達成する事を目的としていたが，近年はこれに環境を加えることが要求されている。本書は従来の土木，機械，電気といった枠をこえ，情報，化学工学，バイオなど異分野を融合した新技術を詳述。

日中英用語辞典編集委員会編
日中英土木対照用語辞典（普及版）
26150-9　C3551　　　Ａ５判 500頁 本体8800円

日本・中国・欧米の土木を学ぶ人々および建設業に携わる人々に役立つよう，頻繁に使われる土木用語約4500語を選び，日中英，中日英，英日中の順に配列し，どこからでも用語が捜し出せるよう図った。〔内容〕耐震工学／材料力学，構造解析／橋梁工学，構造設計，構造一般／水理学，水文学，河川工学／海岸工学，湾岸工学／発電工学／土質工学，岩盤工学／トンネル工学／都市計画，鉄道工学／道路工学／土木計画／測量学／コンクリート工学／他

上記価格（税別）は2019年　1月現在